中国矿业大学新世纪教材建设工程资助教材

抽象代数

王 羡 褚利忠 编

中国矿业大学出版社

·徐州·

内容简介

本书是作者在多年讲授抽象代数及相关课程讲义的基础上编写而成的．本书介绍了群、环、域及模等代数结构的基本理论．

本书可作为高等院校数学类专业的教材或教学参考书．

图书在版编目(CIP)数据

抽象代数 / 王羡，褚利忠编．—徐州：中国矿业大学出版社，2021.11

ISBN 978-7-5646-3761-3

Ⅰ．①抽…　Ⅱ．①王…　②褚…　Ⅲ．①抽象代数—高等学校—教材Ⅳ．①O153

中国版本图书馆 CIP 数据核字(2021)第 240296 号

书　　名　抽象代数
编　　者　王　羡　褚利忠
责任编辑　张　岩
出版发行　中国矿业大学出版社有限责任公司
　　　　　　(江苏省徐州市解放南路　邮编 221008)
营销热线　(0516)83884103　83885105
出版服务　(0516)83995789　83884920
网　　址　http://www.cumtp.com　**E-mail**:cumtpvip@cumtp.com
印　　刷　徐州中矿大印发科技有限公司
开　　本　787 mm×1092 mm　1/16　**印张** 9　**字数** 176 千字
版次印次　2021 年 11 月第 1 版　2021 年 11 月第 1 次印刷
定　　价　33.00 元

前 言

抽象代数(或近世代数)是现代数学的一门基础课程. 抽象代数的知识在物理、信息科学等领域都有广泛的应用,其思想方法已经渗透到各科学领域. 随着新世纪对人才的需求,基础数学在人才培养体系中显得越来越重要. 抽象代数课程的学习,为学生进一步学习数学提供了必需的代数知识,同时对培养学生数学思维能力起着重要作用.

本书是作者在多年讲授抽象代数课程的讲义的基础上整理完成的. 本书以简单明了的方式介绍了群、环、域与模等代数结构的基本理论,让学生尽快了解并掌握抽象代数所研究的对象及研究方法.

本书共分为 4 章. 第 1 章介绍了群、子群、正规子群、商群以及群的同态(与同构)基本定理. 此外,给出了群在集合上的作用,并以它为工具介绍了西洛(Sylow)定理. 第 2 章介绍了环、子环、理想、商环、多项式环和一些整环(主理想整环、欧氏环、唯一分解整环). 同时,类似于算术基本定理,我们在整环上加以探讨整环的唯一分解问题. 第 3 章介绍了扩域、单扩域、代数扩域、分裂域和有限域. 作为域论知识的应用,探讨了尺规作图问题. 第 4 章介绍了模、模的同态、自由模、主理想整环上的有限生成模的基本结构和主理想整环上的有限生成挠模的结构. 为方便学生学习,本书配备了大量的例子,通过例子加深读者对基本概念及基本理论的理解.

本书可作为高等院校数学类专业的教材或教学参考书.由于编者水平有限,书中疏漏之处在所难免,望读者批评指正.

编　者

2021年10月

目 录

第1章 群 论

群的概念是19世纪上半叶作为代数方程根的置换的具体产物出现的,现在有关它的抽象的定义已经被修改.作为代数学的最基本概念之一——群,它对于研究后面的环、域和模等代数结构非常重要!本章主要讲述群的基本知识.

§1.1 预备知识

群是集合上赋予某种二元运算的一种代数结构,因此在给出群的定义前我们首先介绍集合与二元运算的基础知识.

集合的概念

一些特定的对象放在一起构成的全体称为**集合**.通常用大写的英文字母A,B,C,…来表示.组成集合的对象叫**元素**.用小写的英文字母a,b,c,…来表示.集合A与其元素a之间的关系是属于($a\in A$)与不属于($a\notin A$)关系.注意,我们通常用$\mathbb{Z}$($\mathbb{Q}$,$\mathbb{R}$,$\mathbb{C}$)表示整数(有理数,实数,复数)集合.

设A,B为两个集合,若对$\forall a\in A$,必有$a\in B$,则称A为B的**子集**,记为$A\subseteq B$;若$A\subseteq B$且$B\subseteq A$,则称A与B**相等**;若A是B的子集且$A\neq B$,则称A为B的**真子集**,记为$A\subset B$;不含有任何元素的集合称为**空集**,记为$\varnothing$.例如,$A=\{x\mid x\in\mathbb{R},x^2=-1\}$.显然$A=\varnothing$.以后提到的集合都假设为非空集合.

集合的表示

对于一个集合A来说,它的表示形式一般为:列举其元素,或规定其元素适合的条件.

若集合A由有限个元素$a_1,a_2,\cdots,a_n$组成时,则A可表示为

$$A=\{a_1,a_2,\cdots,a_n\},$$

并称A为**有限集**,否则称为**无限集**.在有限集的情况下,集合A所含元素的个数

称为A的**浓度**或**势**,记为$|A|$.

若集合A的元素具有某种性质时,则A可表示为

$$A=\{a \mid a \text{ 有性质 } P\}.$$

例如,$A=\{x \mid x\in \mathbb{R},-6\leqslant x<0\}$.

集合的运算

通过已知集合可以构建新的集合,而这些新的集合可由集合的运算实现.设A和B是两个集合,

A与B的**交**:$A\cap B=\{x \mid x\in A \text{ 且 } x\in B\}$.

A与B的**并**:$A\cup B=\{x \mid x\in A \text{ 或 } x\in B\}$.

它们也可以推广到n个集合或任意多个集合形成的集族$\{A_i \mid i\in I\}$的情形(I是一个集合,叫该集族的**下标集**).

$$\bigcap_{i=1}^{n} A_i=A_1\cap A_2\cap\cdots\cap A_n=\{x \mid x\in A_i,\text{对每个 } i,i=1,2,\cdots,n\}.$$

$$\bigcap_{i\in I} A_i=\{x \mid x\in A_i,\text{对每个 } i\in I\}.$$

$$\bigcup_{i=1}^{n} A_i=A_1\cup A_2\cup\cdots\cup A_n=\{x \mid x\in A_i,\text{对某个 } i,i=1,2,\cdots,n\}.$$

$$\bigcup_{i\in I} A_i=\{x \mid x\in A_i,\text{对某个 } i\in I\}.$$

B与A的**差**:$B\backslash A=\{x \mid x\in B,x\notin A\}$.当在某一个固定集合$\Omega$中讨论问题时,$\Omega\backslash A$称为$A$的补集,记为$\bar{A}$.

A与B的**笛卡儿积**:$A\times B=\{(a,b) \mid a\in A,b\in B\}$.类似地,可以定义$n$个集合或集族的笛卡儿积.

$$A_1\times A_2\times\cdots\times A_n=\prod_{i=1}^{n} A_i=\{(a_1,a_2,\cdots,a_n) \mid a_i\in A_i,i=1,2,\cdots,n\}.$$

$$\prod_{i\in I} A_i=\{(a_i)_{i\in I} \mid a_i\in A_i,\text{对每个 } i\in I\}.$$

集合的映射

为了将不同的集合加以比较,就要将它们建立联系,为此我们来定义集合间的映射.

设A,B为两个集合,若对$\forall a\in A$,按照确定的法则f都有唯一的$b\in B$,使得$f(a)=b$,则称f为A到B的一个**映射**,即

$$f:A\to B$$

$$a\mapsto f(a)=b,$$

此时称$f(a)$为a(在f下)的**像**,称a为$f(a)$(在f下)的**原像**.特别地,A到其自身的映射,称为A的**变换**.

更一般地,设 S 是 A 的任一子集,则称 $\{f(a)\mid a\in S\}$ 为 S(在 f 下)的像,记为 $f(S)$;设 T 为 B 的任一子集,则称 $\{a\in A\mid f(a)\in T\}$ 为 T(在 f 下)的原像,记为 $f^{-1}(T)$. 显然 $f(S)\subseteq B$, $f^{-1}(T)\subseteq A$.

设 A,B 为两个集合,f 为 A 到 B 的一个映射,对 $\forall a,b\in A$,若 $a\neq b$,有 $f(a)\neq f(b)$,则称 f 为**单射**;若对 $\forall b\in B$,存在 $a\in A$,使得 $f(a)=b$(即 b 在 A 中有原像),则称 f 为**满射**;若 f 既是单射又是满射,则称 f 为**双射**或**一一对应**. 将集合 A 中每个元素都映成其自身的映射,即

$$\begin{aligned}1_A:\ &A\to A\\ &a\mapsto a,\end{aligned}$$

称映射 1_A 为集合 A 的**恒等映射**,又称**恒等变换**.

映射的合成

设 A,B,C 为集合,$f:A\to B$, $g:B\to C$ 为映射,将映射

$$\begin{aligned}g\circ f:\ &A\to C\\ &(g\circ f)(a)\mapsto g(f(a))\end{aligned}$$

称为 f 与 g 的**合成映射**.

引理 1.1.1 设 $f:A\to B$, $g:B\to C$, $h:C\to D$ 均为集合的映射,则

$$h\circ(g\circ f)=(h\circ g)\circ f$$

(即合成运算满足结合律).

证明 对 $a\in A$,令 $f(a)=b$, $g(b)=c$, $h(c)=d$,则

$$(g\circ f)(a)=g(f(a))=g(b)=c,\quad (h\circ g)(b)=h(g(b))=h(c)=d,$$

于是,

$$(h\circ(g\circ f))(a)=h(c)=d,\quad ((h\circ g)\circ f)(a)=(h\circ g)(b)=d,$$

故对 $\forall a\in A$,有

$$(h\circ(g\circ f))(a)=((h\circ g)\circ f)(a),$$

从而

$$h\circ(g\circ f)=(h\circ g)\circ f.$$ □

下面介绍二元运算.

定义 1.1.2 设 A 为集合,$A\times A$ 到 A 的一个映射

$$\begin{aligned}f:\ &A\times A\to A\\ &(a,b)\mapsto f(a,b)=c\quad (a,b,c\in A)\end{aligned}$$

称为 A 上的一个**二元运算**,记 $f(a,b)$ 为 $a\cdot b$ 或 ab.

A 上的二元运算保证了 A 中两元素之间的运算具有封闭性. 即 A 中两元素运算后其结果仍在 A 中. 比如,整数的加法是整数集 $\mathbb{Z}$ 上的一个二元运算.

定义 1.1.3 设 A 为集合,R 为 $A\times A$ 的一个子集,则称 R 为 A 上的一个**二元关系**,简称**关系**.若 $(a,b)\in R$,则称 a 与 b 有关系 R,记为 aRb;否则称 a 与 b 没有关系 R.

例如,$\mathbb{R}\times\mathbb{R}$ 中子集

$$R_1=\{(a,b)\in\mathbb{R}\times\mathbb{R}\mid a\text{ 比 }b\text{ 小}\},$$

则 R_1 是 $\mathbb{R}$ 上的一个关系.实数 a 和 b 有关系 R_1 意味着 $a<b$.该关系又称"小于"关系.还可以定义"大于","等于"关系等.

定义 1.1.4 设 R 为集合 A 上的一个关系,若 R 满足下列条件:

(1) 自反性 $aRa\ (\forall a\in A)$;

(2) 对称性 若 aRb,则 $bRa\ (\forall a,b\in A)$;

(3) 传递性 若 aRb,bRc,则 $aRc\ (\forall a,b,c\in A)$,

则称 R 为 A 上的一个**等价关系**.

对于集合 $\mathbb{R}\times\mathbb{R}$,令

$$R'=\{(a,b)\in\mathbb{R}\times\mathbb{R}\mid a=b\},$$

易见,R' 是 $\mathbb{R}$ 上的一个等价关系,即"等于"关系是一个等价关系,而"小于""大于"关系都不是等价关系. 对于关系 R,通常用记号~来替代,即 $a\sim b$ 表示 aRb.

例 1.1.5 设 n 是一个正整数,对于 $a,b\in\mathbb{Z}$,

$$a\sim b\Leftrightarrow n\mid(a-b)\quad(\text{即 }a\equiv b(\mathrm{mod}\ n))$$

证明关系~是一个等价关系,称之为**模 n 同余关系**.

证明 (自反性)由于 $n\mid(a-a)$,所以 $a\sim a$.(对称性)若 $a\sim b$,则 $n\mid(a-b)$.从而 $n\mid-(b-a)$,$n\mid(b-a)$,故 $b\sim a$.(传递性)若 $a\sim b,b\sim c$,则 $n\mid(a-b)$ 且 $n\mid(b-c)$.从而 $n\mid(a-b)+(b-c)$,即 $n\mid(a-c)$,故 $a\sim c$.所以~是一个等价关系.

定义 1.1.6 设~为集合 A 上的一个等价关系,$a\in A$,令

$$\bar{a}=\{x\in A\mid x\sim a\},$$

称之为 a 所在的**等价类**,a 为等价类 $\bar{a}$ 的一个**代表元**.

注意,由等价关系的自反性显然 $a\in\bar{a}$;由对称性、传递性知同一等价类中任意两个元素彼此等价(设 $b,c\in\bar{a}$,则 $b\sim a,a\sim c$,于是 $b\sim c$);不同等价类没有公共元素(假设 $\bar{a}\neq\bar{b}$,$\bar{a}\cap\bar{b}\neq\varnothing$,则有 $x\in\bar{a}\cap\bar{b}$.从而 $x\in\bar{a}$ 且 $x\in\bar{b}$.即 $x\sim a$ 且 $x\sim b$,故 $a\sim b$,即 $\bar{a}=\bar{b}$.与假设矛盾,故 $\bar{a}\cap\bar{b}=\varnothing$).因此集合 A 是一些等价类 $\bar{a}_i(i\in I)$ 的并,而且这些等价类是两两不相交的.

定义 1.1.7 设 A 是集合,$A_i(i\in I)$ 是 A 的一些子集.若它们有如下性质:

(1) $A=\bigcup\limits_{i\in I}A_i$;

(2) $A_i \cap A_j = \varnothing \quad (\forall i, j \in I, i \neq j)$，

则称这些子集 $A_i(i \in I)$是集合 A 的一个**分拆**(或**分类**,或**划分**).

在 A 上给定等价关系后,A 中所有不同的等价类构成了 A 的一个分拆,即 $A = \bigcup_{i \in I} \bar{a}_i$(对 A 的所有不同的等价类 $\bar{a}_i$ 取并集).

习题 1.1

1. 设 A,B 为集合,$f: A \to B$ 是一个映射.证明:

(1) f 为单射$\Leftrightarrow$存在 $g: B \to A$,使得 $g \circ f = 1_A$;

(2) f 为满射$\Leftrightarrow$存在 $h: B \to A$,使得 $f \circ h = 1_B$.

2. 设 A 是有限集合,$P(A)$是 A 的全部子集(包括空集)所构成的集合.证明:$|P(A)| = 2^{|A|}$.即 n 元集合共有 2^n 个不同的子集.

3. 设 A,B 为集合,$f: A \to B$ 是一个映射.在 A 上定义一个关系:$\forall a, a' \in A$,

$$a \sim a' \Leftrightarrow f(a) = f(a').$$

证明:关系$\sim$是一个等价关系.

§1.2 群的定义及例子

从本节起我们对代数结构(即有一种或多种运算的集合)进行研究.群是最基本的代数结构,下面我们给出群的定义.

定义 1.2.1 设 G 是一个集合,在 G 上赋予一个二元运算"·",如果 G 关于"·"满足下列条件:

(1) 结合律 $\forall a,b,c \in G$,有$(a \cdot b) \cdot c = a \cdot (b \cdot c)$;

(2) 存在单位元 $\exists e \in G, \forall a \in G$,有 $a \cdot e = e \cdot a = a$;

(3) 存在逆元 $\forall a \in G, \exists b \in G$,有 $a \cdot b = b \cdot a = e$,

则称 G 关于二元运算·构成一个**群**,记为$(G, \cdot)$(简记群 G).此时称 e 为群 G 的**单位元**(又称**幺元**),称 b 为 a 的**逆元**,记作 $b = a^{-1}$.特别地,如果$\forall a,b \in G$,有 $a \cdot b = b \cdot a$,则称群 G 为**交换群**(或 Abel **群**).

对于群 G 如果集合 G 是有限的,则称群 G 为**有限群**,否则称 G 为**无限群**.集合 G 中所含元素的个数(即集合的势或浓度)称为群 G 的**阶**,记为$|G|$.无限群的阶记为$|G| = \infty$.

为了记述方便起见,通常将二元运算符号"·"略去,将 $a \cdot b$ 记为 ab.又当群 G 为交换群时,将 ab 记为 $a+b$,这时群 G 的单位元 e 记为 0,任意元 $a(\in G)$ 的逆元 a^{-1} 记为 $-a$,此时习惯称 G 为**加法群**.

命题 1.2.2 设 G 为群，则

(1) 群 G 的单位元 e 唯一；

(2) 对于任意的元 $a\in G$，其逆元唯一.

证明 (1) 设 e 和 e' 均为群 G 的单位元，由定义 1.2.1 中的(2)，由于 e 为 G 的单位元，有 $e'e=ee'=e'$. 又因 e' 也是 G 的单位元，有 $e'e=ee'=e$，所以 $e=e'$.

(2) 设 $a\in G$，b，c 均为 a 的逆元，由定义 1.2.1 中的(3)，有

$$b=be=b(ac)=(ba)c=ec=c.$$

□

此外，由群的定义还知道：(1) 对于任意 $a\in G$，其逆元 a^{-1} 也可逆，且 $(a^{-1})^{-1}=a$. (2) 对任意 $a,b\in G$，有 $(ab)^{-1}=b^{-1}a^{-1}$（验证留给读者完成）. (3) 对于任意 $a,b,c\in G$，若 $ab=ac$，则 $b=c$；若 $ba=ca$，则 $b=c$. 也就是说群对乘法满足左、右消去律.

在群中可以定义一个元素的任意整数次幂. 设 $(G,\cdot)$ 是一个群，对于 $\forall n\in\mathbb{Z}$，$a\in G$，a 的 n 次幂定义为：

$$a^n=\begin{cases}\underbrace{a\cdot a\cdot\cdots\cdot a}_{n}, & n>0,\\ e, & n=0,\\ (a^{-1})^{-n}, & n<0.\end{cases}$$

对于群 $(\mathbb{Z},+)$ 中的任意元 a，a 的 n 次“幂”定义为：

$$na=\begin{cases}\underbrace{a+a+\cdots+a}_{n}, & n>0,\\ 0, & n=0,\\ (-n)(-a), & n<0.\end{cases}$$

下面给出群的一些例子.

例 1.2.3 整数集 $\mathbb{Z}$ 关于数的加法“+”构成群，且是交换群. 其单位元是数 0，而任意元 $a(\in\mathbb{Z})$ 的逆元是 $-a$.

同样地，$(\mathbb{Q},+)$，$(\mathbb{R},+)$，$(\mathbb{C},+)$ 也是交换群. 而整数集 $\mathbb{Z}$ 关于数的乘法“·”不构成群. 因为对于任意的元 $a(\in\mathbb{Z})$ 未必存在逆元 $a^{-1}(\in\mathbb{Z})$. 同理对于非零整数集 $\mathbb{Z}^*=\mathbb{Z}\backslash\{0\}$，$(\mathbb{Z}^*,\cdot)$ 也不构成群. 然而非零有理数集 $\mathbb{Q}^*$（非零实数集 $\mathbb{R}^*$，非零复数集 $\mathbb{C}^*$）关于数的乘法构成群，而且是交换群. 其单位元是数 1，任意元 a 的逆元是 $1/a$.

例 1.2.4 $\boldsymbol{M}_{m,n}(\mathbb{C})$ 是所有 $m\times n$ 复矩阵的集合，显然 $\boldsymbol{M}_{m,n}(\mathbb{C})$ 关于矩阵的加法构成交换群. 其单位元是 $m\times n$ 零矩阵，对于任意的元 $\boldsymbol{A}\in\boldsymbol{M}_{m,n}(\mathbb{C})$，其逆元是 $\boldsymbol{A}$ 的负矩阵 $-\boldsymbol{A}$.

特别地，当 $m=n$ 时，用 $\boldsymbol{M}_n(\mathbb{C})$ 表示所有 n 阶复方阵组成的集合，此时

$\boldsymbol{M}_n(\mathbb{C})$关于矩阵的乘法不构成群.因为对于$\boldsymbol{M}_n(\mathbb{C})$中的每个元素,在矩阵的乘法意义下无法确保都存在逆元(即可逆矩阵).若用$\boldsymbol{GL}_n(\mathbb{C})$表示$\boldsymbol{M}_n(\mathbb{C})$中所有$n$阶可逆复方阵组成的集合,即$\boldsymbol{GL}_n(\mathbb{C})=\{\boldsymbol{A}\mid\boldsymbol{A}\in\boldsymbol{M}_n(\mathbb{C}),\det\boldsymbol{A}\neq 0\}$,则$\boldsymbol{GL}_n(\mathbb{C})$关于矩阵乘法构成一个群.其单位元是单位矩阵$\boldsymbol{E}_n$,对于任意的元$\boldsymbol{A}\in\boldsymbol{GL}_n(\mathbb{C})$,$\boldsymbol{A}$的逆元是它的逆矩阵$\boldsymbol{A}^{-1}$.由于矩阵的乘法($n\geqslant 2$)不满足交换律,故$\boldsymbol{GL}_n(\mathbb{C})$不是交换群.通常称群$\boldsymbol{GL}_n(\mathbb{C})$为复数域上的$n$次**一般线性群**.类似地,用$\boldsymbol{GL}_n(\mathbb{R})$($\boldsymbol{GL}_n(\mathbb{Q})$)表示实数域(有理数域)上$n$次一般线性群.若用$\boldsymbol{SL}_n(\mathbb{C})$表示全体行列式等于1的$n$阶可逆复方阵组成的集合,即$\boldsymbol{SL}_n(\mathbb{C})=\{\boldsymbol{A}\mid\boldsymbol{A}\in\boldsymbol{M}_n(\mathbb{C}),\det\boldsymbol{A}=1\}$,则$\boldsymbol{SL}_n(\mathbb{C})$关于矩阵的乘法也构成一个群,称群$\boldsymbol{SL}_n(\mathbb{C})$为复数域上的$n$次**特殊线性群**.

例 1.2.5 设n是一个正整数.对于$a,b\in\mathbb{Z}$,

$$a\sim b\Leftrightarrow n\mid(a-b)\ (\text{即 } a\equiv b(\bmod n)).$$

由于"$\sim$"是$\mathbb{Z}$上的一个等价关系(见例1.1.5),于是整数集$\mathbb{Z}$可分拆成n个等价类(称为**模n同余类**):$\bar{0},\bar{1},\cdots,\overline{n-1}$,其中

$$\bar{r}=\{x\in\mathbb{Z}\mid x\equiv r(\bmod n)\}=\{r+nk\mid k\in\mathbb{Z}\}(0\leqslant r<n).$$

而$\{0,1,\cdots,n-1\}$是$\mathbb{Z}$关于模n同余关系的一个完全代表系(事实上,对$\forall m\in\mathbb{Z}$,必存在$l\in\{0,1,\cdots,n-1\}$,使得$n\mid m-l$,即$\bar{m}=\bar{l}\in\mathbb{Z}_n$).将这$n$个等价类作为元素构成的集合记为$\mathbb{Z}_n$,即$\mathbb{Z}_n=\{\bar{0},\bar{1},\cdots,\overline{n-1}\}$,并在其上定义一个二元运算"+":

$$\bar{a}+\bar{b}=\overline{a+b}\quad(\forall\bar{a},\bar{b}\in\mathbb{Z}_n),$$

则$(\mathbb{Z}_n,+)$是一个交换群.

首先说明这样定义的加法是合理的(即与代表元的选取无关).因为

$$\begin{cases}\bar{a}=\bar{a'}\\ \bar{b}=\bar{b'}\end{cases}\Leftrightarrow\begin{cases}n\mid(a-a')\\ n\mid(b-b')\end{cases}\Rightarrow n\mid(a+b)-(a'+b')\Leftrightarrow\overline{a+b}=\overline{a'+b'}.$$

所以此二元运算与代表元的选取无关,该定义的"+"是合理的.又因为"+"满足

(1) 结合律:$\forall\bar{a},\bar{b},\bar{c}\in\mathbb{Z}_n$,

$$(\bar{a}+\bar{b})+\bar{c}=\overline{a+b}+\bar{c}=\overline{(a+b)+c}=\overline{a+(b+c)}=\bar{a}+\overline{b+c}=\bar{a}+(\bar{b}+\bar{c}).$$

(2) 存在单位元:$\exists\bar{0}\in\mathbb{Z}_n$,$\forall\bar{a}\in\mathbb{Z}_n$,$\bar{a}+\bar{0}=\bar{0}+\bar{a}=\bar{a}$.

(3) 存在逆元:$\forall\bar{a}\in\mathbb{Z}_n$,$\exists\overline{-a}\in\mathbb{Z}_n$,$\bar{a}+\overline{-a}=\overline{-a}+\bar{a}=\bar{0}$.即$\overline{-a}=-\bar{a}$.

又对于$\forall\bar{a},\bar{b}\in\mathbb{Z}_n$,有$\bar{a}+\bar{b}=\bar{b}+\bar{a}$,故$(\mathbb{Z}_n,+)$是一个交换群.通常称$(\mathbb{Z}_n,+)$为**模$n$剩余类加群**.

若在$\mathbb{Z}_n$上定义乘法"·":$\bar{a}\cdot\bar{b}=\overline{ab}$,然而$(\mathbb{Z}_n,\cdot)$不构成群.即使结合律成立,单位元$\bar{1}\in\mathbb{Z}_n$存在,但是$\bar{0}$的逆元不存在.如果令$\mathbb{Z}_n^*=\mathbb{Z}_n\backslash\{\bar{0}\}=\{\bar{1},\bar{2},$

$\cdots,\overline{n-1}\}$，考虑$(\mathbb{Z}_n^*,\cdot)$，例如，$(\mathbb{Z}_4^*,\cdot)$和$(\mathbb{Z}_6^*,\cdot)$，注意到

$$\bar{2}\cdot\bar{2}=\bar{4}=\bar{0}\notin\mathbb{Z}_4^*,\quad \bar{2}\cdot\bar{3}=\bar{6}=\bar{0}\notin\mathbb{Z}_6^*.$$

这说明在$\mathbb{Z}_n^*$上定义的"·"未必就是二元运算，所以$(\mathbb{Z}_4^*,\cdot)$和$(\mathbb{Z}_6^*,\cdot)$均不是群.实际这里出现了我们后面要讲的"零因子"现象.由后面例2.1.10会看到当$n=p$(素数)时，$(\mathbb{Z}_p^*,\cdot)$是一个群.反之，如果$\mathbb{Z}_n^*$关于这样的乘法"·"构成群时，则n一定是素数.这可从初等数论角度解释.要$(\mathbb{Z}_n^*,\cdot)$构成群，"·"是满足结合律的二元运算($n=p$时当然满足)，存在单位元$\bar{1}$(显然存在)，对$\forall\,\bar{a}\in\mathbb{Z}_n^*$，$\exists\,\bar{b}\in\mathbb{Z}_n^*$，使得$\bar{a}\bar{b}(=\bar{b}\bar{a})=\bar{1}$.由同余关系$(\overline{ab}=)\bar{a}\bar{b}=\bar{1}\Leftrightarrow ab\equiv 1\pmod n\Leftrightarrow(a,n)=1$.从而$\bar{a}$对于上述乘法存在逆元的充要条件是$(a,n)=1$.因而设$n$是正整数，$\bar{a}$为整数$a$的模$n$同余类，则集合$\mathbb{Z}_n^*=\{\bar{a}\mid(a,n)=1,a\in\mathbb{Z}\}$关于乘法构成群而且是交换群.这个群有$\varphi(n)$个元素，其中$\varphi(n)$是1到$n$中与$n$互素的整数个数($\varphi(n)$称为**欧拉函数**).

当G为有限集合时，设$G=\{a_1,a_2,\cdots,a_n\}$，G的元素之间的运算可以用表简便地表示，如图1-1所示.其中$a_{ij}=a_i\cdot a_j$，此表称为G的**乘法表**.特别地，当G为群时称此乘法表为**群表**.

·	a_1	…	a_j	…	a_n
a_1	⋮		⋮		
⋮	⋮		⋮		
a_i	⋮	……	⋮ a_{ij}		
⋮					
a_n					

图1-1

例1.2.6 写出$\mathbb{Z}_4=\{\bar{0},\bar{1},\bar{2},\bar{3}\}$关于"+"的群表及$\mathbb{Z}_4^*=\{\bar{1},\bar{2},\bar{3}\}$关于"·"的乘法表.

如图1-2、图1-3所示。

$(\mathbb{Z}_4,+)$

+	$\bar{0}$	$\bar{1}$	$\bar{2}$	$\bar{3}$
$\bar{0}$	$\bar{0}$	$\bar{1}$	$\bar{2}$	$\bar{3}$
$\bar{1}$	$\bar{1}$	$\bar{2}$	$\bar{3}$	$\bar{0}$
$\bar{2}$	$\bar{2}$	$\bar{3}$	$\bar{0}$	$\bar{1}$
$\bar{3}$	$\bar{3}$	$\bar{0}$	$\bar{1}$	$\bar{2}$

图1-2

$(\mathbb{Z}_4^*,\cdot)$

·	$\bar{1}$	$\bar{2}$	$\bar{3}$
$\bar{1}$	$\bar{1}$	$\bar{2}$	$\bar{3}$
$\bar{2}$	$\bar{2}$	$\bar{0}$	$\bar{2}$
$\bar{3}$	$\bar{3}$	$\bar{2}$	$\bar{1}$

$\bar{0}\notin\mathbb{Z}_4^*$，显然不构成群.

图1-3

例1.2.7 如图1-4所示，中心在坐标原点，四边平行于坐标轴的长方形$ABCD$.设$K_4=\{r_0,r_1,r_2,r_3\}$，其中r_0、r_1分别表示长方形绕坐标原点逆时针方向旋转角度为0与π的旋转变换，r_2、r_3分别表示以Y轴、X轴为对称轴的反射

变换,K_4 关于变换的乘积(合成)构成一个群,其群表如图 1-5 所示.

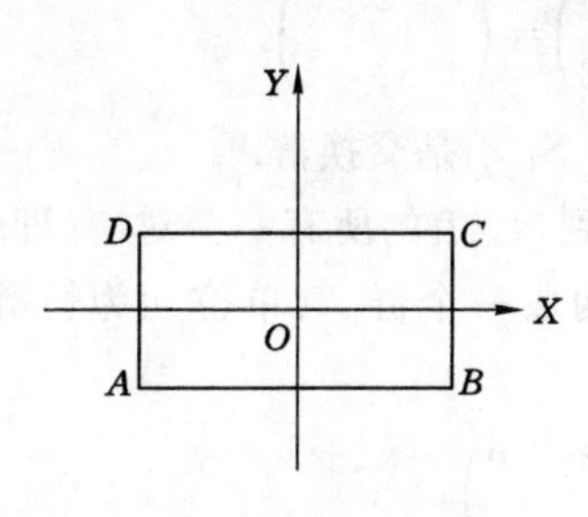

图 1-4

$(K_4, \cdot)$

$\cdot$	r_0	r_1	r_2	r_3
r_0	r_0	r_1	r_2	r_3
r_1	r_1	r_0	r_3	r_2
r_2	r_2	r_3	r_0	r_1
r_3	r_3	r_2	r_1	r_0

图 1-5

从群表易见 K_4 的单位元是 r_0. 对 $\forall r_i \in K_4\ (i=0,1,2,3)$,有 $r_i^2=r_0$(即 r_i 的逆元是其自身)并且 $\forall r_i, r_j \in K_4$,有 $r_i \cdot r_j = r_j \cdot r_i$. K_4 是一个交换群,称之为 **Klein(克莱因)四元群.**

例 1.2.8 用 $\mathbb{N}_3$ 表示由自然数 1,2,3 组成的集合,即 $\mathbb{N}_3=\{1,2,3\}$. S_3 表示 $\mathbb{N}_3$ 到 $\mathbb{N}_3$ 上的所有一一对应(即**置换**:有限集合上的一一变换)组成的集合. 那么 S_3 关于映射的乘积(合成)“$\cdot$”构成一个群.

(1) 结合律:$(\rho \cdot \sigma) \cdot \tau = \rho \cdot (\sigma \cdot \tau)\ (\rho, \sigma, \tau \in S_3)$ 显然成立.

(2) 存在单位元:$\mathbb{N}_3$ 的恒等映射 $1_{\mathbb{N}_3}(i)=i\ (1_{\mathbb{N}_3} \in S_3, i=1,2,3)$ 存在.

(3) 存在逆元:因为 S_3 的元 σ 是一一对应(双射),所以存在逆映射 σ^{-1},σ^{-1} 即为 σ 的逆元. 因此 $(S_3, \cdot)$ 是一个群. 称之为 **3 次对称群.**

设 $\sigma \in S_3$,由于 σ 是一一对应的,所以当

$$\sigma(1)=i,\ \sigma(2)=j,\ \sigma(3)=k$$

时,i,j,k 是 1,2,3 的一个排列,映射 σ 由 i,j,k 所决定. 因此,映射 σ 可表示成

$$\sigma=\begin{pmatrix} 1 & 2 & 3 \\ \sigma(1) & \sigma(2) & \sigma(3) \end{pmatrix}=\begin{pmatrix} 1 & 2 & 3 \\ i & j & k \end{pmatrix}.$$

而 i,j,k 的全排列数为 $3!=6$,故 S_3 的元素个数为 6,即 S_3 是 6 阶群. S_3 的所有元素为:

$$\sigma_0=1_{\mathbb{N}_3}=\begin{pmatrix} 1 & 2 & 3 \\ 1 & 2 & 3 \end{pmatrix},\ \sigma_1=\begin{pmatrix} 1 & 2 & 3 \\ 2 & 3 & 1 \end{pmatrix},\ \sigma_2=\begin{pmatrix} 1 & 2 & 3 \\ 3 & 1 & 2 \end{pmatrix}$$

$$\sigma_3=\begin{pmatrix} 1 & 2 & 3 \\ 1 & 3 & 2 \end{pmatrix},\ \sigma_4=\begin{pmatrix} 1 & 2 & 3 \\ 3 & 2 & 1 \end{pmatrix},\ \sigma_5=\begin{pmatrix} 1 & 2 & 3 \\ 2 & 1 & 3 \end{pmatrix}.$$

群 S_3 在进行二元运算(即映射的乘积)时,如 $\sigma_2 \cdot \sigma_3$ 是按下面方式进行的.

$$\sigma_2 \cdot \sigma_3(1)=\sigma_2(\sigma_3(1))=\sigma_2(1)=3,$$

$$\sigma_2 \cdot \sigma_3(2)=\sigma_2(\sigma_3(2))=\sigma_2(3)=2,$$

$$\sigma_2 \cdot \sigma_3(3)=\sigma_2(\sigma_3(3))=\sigma_2(2)=1.$$

用更简便、直观的形式表示为：

$$\sigma_2 \cdot \sigma_3 = \begin{pmatrix} 1 & 2 & 3 \\ 3 & 1 & 2 \end{pmatrix} \begin{pmatrix} 1 & 2 & 3 \\ 1 & 3 & 2 \end{pmatrix} = \begin{pmatrix} 1 & 2 & 3 \\ 3 & 2 & 1 \end{pmatrix}.$$

由于 $\sigma_2 \cdot \sigma_3 = \sigma_4 \neq \sigma_5 = \sigma_3 \cdot \sigma_2$，所以 3 次对称群 S_3 不是交换群.

一般地，设 $\mathbb{N}_n = \{1, 2, \cdots, n\}$，$S_n$ 表示 $\mathbb{N}_n$ 到 $\mathbb{N}_n$ 上的所有一一对应（即置换）组成的集合，与 S_3 类同，S_n 关于映射的乘积构成一个群. 其单位元为恒等映射 σ_0，即

$$\sigma_0 = 1_{\mathbb{N}_n} = \begin{pmatrix} 1 & 2 & \cdots & n \\ 1 & 2 & \cdots & n \end{pmatrix},$$

$\forall \sigma \in S_n$ 的逆元为 σ 作为 $\mathbb{N}_n$ 到 $\mathbb{N}_n$ 上一一对应的逆映射 σ^{-1}，即

$$\sigma = \begin{pmatrix} 1 & 2 & \cdots & n \\ \sigma(1) & \sigma(2) & \cdots & \sigma(n) \end{pmatrix},\ \sigma^{-1} = \begin{pmatrix} \sigma(1) & \sigma(2) & \cdots & \sigma(n) \\ 1 & 2 & \cdots & n \end{pmatrix},$$

称 $(S_n, \cdot)$ 为 **n 次对称群**. 其阶为 $|S_n| = n!$ 注意：$\mathbb{N}_n$ 中的元素也可用其他字符表示，比如 $\{a_1, a_2, \cdots, a_n\}$.

对于 n 次对称群 S_n，设 $\sigma \in S_n$，如果存在 $i_1, i_2, \cdots, i_k \in \{1, 2, \cdots, n\}$，使得

$$\sigma(i_1) = i_2,\quad \sigma(i_2) = i_3,\quad \cdots,\quad \sigma(i_{k-1}) = i_k,\quad \sigma(i_k) = i_1,$$

并且对任意的 $j \in \{1, 2, \cdots, n\} \setminus \{i_1, i_2, \cdots, i_k\}$ 都有 $\sigma(j) = j$，则称 σ 是一个 **k 阶循环置换**（又叫 **k-轮换**），记为 $\sigma = (i_1 i_2 \cdots i_k)$. 比如，

$$\begin{pmatrix} 1 & 2 & 3 \\ 2 & 1 & 3 \end{pmatrix} = (12),\quad \begin{pmatrix} 1 & 2 & 3 \\ 3 & 1 & 2 \end{pmatrix} = (132).$$

特别地，对任意的 $i \in \{1, 2, \cdots, n\}$，1 阶循环置换 (i) 称为**恒等置换**（又叫**单位置换**），记为 (1)，或 $1_{\mathbb{N}_n}$（注：$(1) = (2) = \cdots = (n)$）；2 阶循环置换 $(i_1 i_2)$ 称为一个**对换**. 易见，

$$(i_1 i_2 \cdots i_k) = (i_2 i_3 \cdots i_k i_1).$$

设 $\sigma = (i_1 i_2 \cdots i_k)$ 和 $\tau = (j_1 j_2 \cdots j_l)$ 是 S_n 的两个循环置换，如果

$$\{i_1, i_2, \cdots, i_k\} \cap \{j_1, j_2, \cdots, j_l\} = \varnothing,$$

则称 σ 与 τ **互不相交**. 两个互不相交循环置换的乘积可交换.

命题 1.2.9 $S_n (n \geqslant 2)$ 中的任意一个置换都可以表示成一些两两互不相交的循环置换的乘积.

证明 设 $\sigma \in S_n$，若 σ 是恒等置换，则 $\sigma = (1)$. 下设 σ 不是恒等置换，则存在 i 使 $\sigma(i) \neq i$.

任取 i_1，使 $\sigma(i_1) \neq i_1$，令 $i_2 = \sigma(i_1)$，则 $i_2 \neq i_1$. 由于 $\{1, 2, \cdots, n\}$ 是有限集且 σ 是一一变换的，所以存在 $k \geqslant 2$，使得 $\sigma(i_1) = i_2, \sigma(i_2) = i_3, \cdots, \sigma(i_{k-1}) = i_k, \sigma(i_k) = i_1$，其中 $i_1, i_2, \cdots, i_k$ 互不相同（因为，如此依次由 $\sigma(i_{j-1}) = i_j$ 得到的 i_j 若与互不相同

的 $i_1,i_2,\cdots,i_{j-1}$ 中的某一个相等,则只能是 i_1). 若对 $\forall j\in\{1,2,\cdots,n\}\setminus\{i_1,i_2,\cdots,i_k\}$ 都有 $\sigma(j)=j$,则 $\sigma=(i_1i_2\cdots i_k)$.

下面假设,存在某个 $j\in\{1,2,\cdots,n\}\setminus\{i_1,i_2,\cdots,i_k\}$,使得 $\sigma(j)\neq j$. 由于 σ 是一一对应的,所以,对 $\forall j\in\{1,2,\cdots,n\}\setminus\{i_1,i_2,\cdots,i_k\}$ 都有 $\sigma(j)\in\{1,2,\cdots,n\}\setminus\{i_1,i_2,\cdots,i_k\}$. 任取 $j_1\in\{1,2,\cdots,n\}\setminus\{i_1,i_2,\cdots,i_k\}$,使得 $\sigma(j_1)\neq j_1$,类似地,存在$t\geqslant 2$,使得 $\sigma(j_1)=j_2,\sigma(j_2)=j_3,\cdots,\sigma(j_{t-1})=j_t,\sigma(j_t)=j_1$,其中 $j_1,j_2,\cdots,j_t$ 互不相同. 由于$\{i_1,i_2,\cdots,i_k\}$和$\{j_1,j_2,\cdots,j_t\}$都是$\{1,2,\cdots,n\}$的子集且互不相交,而$\{1,2,\cdots,n\}$是有限集,所以上面的过程只能进行有限步,即存$\{1,2,\cdots,n\}$的两两互不相交的子集

$$\{i_1,i_2,\cdots,i_k\},\quad \{j_1,j_2,\cdots,j_t\},\quad \cdots,\quad \{s_1,s_2,\cdots,s_l\},$$

使得

$$\sigma(i_1)=i_2,\sigma(i_2)=i_3,\cdots,\sigma(i_{k-1})=i_k,\sigma(i_k)=i_1;\ \sigma(j_1)=j_2,\sigma(j_2)=j_3,\cdots,$$
$$\sigma(j_{t-1})=j_t,\sigma(j_t)=j_1;\ \sigma(s_1)=s_2,\sigma(s_2)=s_3,\cdots,\sigma(s_{l-1})=s_l,\sigma(s_l)=s_1,$$

且对

$$\forall v\in\{1,2,\cdots,n\}\setminus(\{i_1,i_2,\cdots,i_k\}\cup\{j_1,j_2,\cdots,j_t\}\cup\cdots\cup\{s_1,s_2,\cdots,s_l\})$$

都有$\sigma(v)=v$. 所以

$$\sigma=(i_1i_2\cdots i_k)(j_1j_2\cdots j_t)\cdots(s_1s_2\cdots s_l).\qquad\square$$

比如,

$$\begin{pmatrix}1&2&3&4&5\\3&4&1&5&2\end{pmatrix}=(13)(245).$$

命题 1.2.10 $S_n(n\geqslant 2)$的任意一个循环置换都可以表示成一些对换的乘积.

证明 设 $\sigma=(i_1i_2\cdots i_k)$是一个循环置换,若 $k=1$,则 $\sigma=(i_1)$. 由于 $n\geqslant 2$,所以存在 $j\in\{1,2,\cdots,n\}$,使 $j\neq i_1$,则

$$\sigma=(i_1)=(i_1j)(i_1j).$$

下面设 $k\geqslant 2$,则

$$\sigma=(i_1i_2\cdots i_k)=(i_1i_k)(i_1i_{k-1})\cdots(i_1i_2).\qquad\square$$

注意,命题 1.2.10 中所说的表示显然不唯一. 例如,(123)=(13)(12)=(12)(23)=(13)(31)(31)(12)(这里(31)(31)=(1)). 但是,我们有这样的事实:同一个循环置换在用不同的对换乘积表示时,它们所含对换的个数具有相同的奇偶性.

综上所述,$S_n(n\geqslant 2)$的任意一个置换都可以表示成一些对换的乘积,并且同一置换的不同对换乘积表示中所含对换的个数具有相同的奇偶性. 如果一个置换表示成偶数(奇数)个对换的乘积,则称该置换为**偶置换**(**奇置换**). 比如,(123)

$=(13)(12)$是一个偶置换;

$$\begin{pmatrix}1&2&3&4&5\\3&4&1&5&2\end{pmatrix}=(13)(245)=(13)(25)(24)$$

是一个奇置换.显然,两个偶置换或两个奇置换的乘积是偶置换,一个偶置换与一个奇置换的乘积是奇置换.

定义 1.2.11 $\boldsymbol{A}$ 是一个集合,$\boldsymbol{A}$ 的某些(不一定全部)一一变换($\boldsymbol{A}$ 到 $\boldsymbol{A}$ 上的一一对应)组成的集合关于变换的乘积构成的群称为集合 $\boldsymbol{A}$ 上的**变换群**.当 $\boldsymbol{A}$ 为有限集合时称此变换群为 $\boldsymbol{A}$ 上的**置换群**.

易见,当 $A=\{a_1,a_2,\cdots,a_n\}$ 时,A 的所有置换组成的集合关于置换的积构成的群就是 n 次对称群 S_n.注意,置换群是有限群.一般的置换群都是某个 S_n 的子集.

习题 1.2

1. 设$(G,\cdot)$是一个群,证明:"$\cdot$"适合消去律.

2. 在整数集 $\mathbb{Z}$ 上定义一个二元运算:$a\cdot b=a+b-2\ (a,b\in\mathbb{Z})$.证明:$\mathbb{Z}$ 关于这个运算构成一个群.

3. 设 $G=\{(a,b)\mid a,b\in\mathbb{R},a\neq 0\}$,在 G 上定义如下乘法:对$(a,b),(c,d)\in G$,$(a,b)(c,d)=(ac,ad+b)$,证明:G 是一个群.

4. 设 G 是一个群,如果对任意的 $a\in G$,都有 $a^2=e$,证明:G 是一个交换群.

5. 设 G 是一个群,证明:G 是一个交换群当且仅当对任意的 $a,b\in G$ 都有 $(ab)^2=a^2b^2$.

6. 设 S 是一个非空集合,"$\cdot$"是 S 上的一个二元运算.若"$\cdot$"适合结合律,则称$(S,\cdot)$构成一个**半群**.证明:整数集 $\mathbb{Z}$ 关于乘法构成一个半群,但不构成一个群.

7. 设 $GL_2(\mathbb{Z}_5)$是 $\mathbb{Z}_5$ 上的二阶可逆阵的集合,证明:$GL_2(\mathbb{Z}_5)$关于矩阵的乘法构成一个群.

8. 在 S_5 中,令

$$\sigma=\begin{pmatrix}1&2&3&4&5\\2&3&1&5&4\end{pmatrix},\ \tau=\begin{pmatrix}1&2&3&4&5\\1&3&4&5&2\end{pmatrix},$$

试将 σ,τ 表示成两两互不相交的循环置换的乘积形式,并计算 $\sigma\tau,\tau\sigma$ 和 σ^{-1}.

9. 写出$(\mathbb{Z}_5,+)$及$(\mathbb{Z}_5^*,\cdot)$的群表.

10. 写出 S_4 的乘法表.

11. 证明:命题 1.2.9 中将置换表示成一些两两互不相交的循环置换的乘积的表示法,在不计循环置换顺序的意义下是唯一的.

§1.3 子 群

研究线性空间,我们可以通过研究其子空间来进行.同样,研究群我们可以通过研究群的子结构来进行.

定义 1.3.1 设 G 是一个群,H 是 G 的一个非空子集.若 H 关于 G 上的二元运算也构成一个群,则称 H 为 G 的**子群**,记为 $H\leqslant G$.

由定义易知,对于群 G,其单位元 e 构成的一元群 $\{e\}$ 及 G 自身均为 G 的子群,称它们为 G 的**平凡子群**.而对于群 G 的子群 H,若 $H\neq G$,则称 H 为 G 的**真子群**,记为 $H<G$.

若 $H\leqslant G$,由定义有 $\forall a,b\in H\Rightarrow ab\in H$,这意味着 H 关于 G 的运算是封闭的.若 $H\leqslant G$,则 H 和 G 具有相同的单位元.这一事实可以从下面看出:

(在 H 中) $e'e'=e'$(e' 是 H 的单位元).

(在 G 中) $e'e=e'$($e'\in G$,e 是 G 的单位元).

所以在 G 中有 $e'e'=e'e$.由群的消去律,故得 $e'=e$.再由 $e'=e$ 即可得到子群 H 中的元素 h 的逆元 h' 正是 h 在 G 中的逆元 h^{-1}(请读者自己证明).

例 1.3.2 (1)对于加法群 $\mathbb{Z}$,$\mathbb{Q}$,$\mathbb{R}$,$\mathbb{C}$,显然有 $\mathbb{Z}\leqslant\mathbb{Q}\leqslant\mathbb{R}\leqslant\mathbb{C}$.

(2) 对于非零实数乘法群$(\mathbb{R}^*,\cdot)$,显然 $\mathbb{Q}^+$,$\mathbb{Q}^*$,$\mathbb{R}^+$ 关于乘法 · 均为其子群($\mathbb{Q}^+$,$\mathbb{R}^+$ 分别为正有理数集及正实数集).

(3) 对于加法群 $\mathbb{Z}$,令 $n\mathbb{Z}=\{nk\mid k\in\mathbb{Z}\}$,其中 n 是一个正整数.那么 $n\mathbb{Z}$ 也是一个加法群,且 $n\mathbb{Z}\leqslant\mathbb{Z}$.

下面给出群 G 的非空子集 H 构成子群的充要条件.

命题 1.3.3(子群的判定法) 设 G 是一个群,H 是 G 的一个非空子集,则 H 是 G 的子群的充分必要条件是 H 满足下列条件之一:

(1) 对 $\forall a,b\in H$,有 $ab\in H$ 且 $a^{-1}\in H$.

(2) 对 $\forall a,b\in H$,有 $ab^{-1}\in H$.

证明 (1) 设 $H\leqslant G$,由定义 1.3.1 可知条件(1)显然成立.

反之,由条件(1)中"对 $\forall a,b\in H$,有 $ab\in H$"知,G 上的二元运算也是 H 上的二元运算.而此二元运算在 G 上适合结合律,故在 H 上也适合结合律.再由条件(1)中"$\forall a\in H$,有 $a^{-1}\in H$",即 H 中的任意元素存在逆元,而 $e=aa^{-1}=a^{-1}a\in H$,即 H 中存在单位元,所以 H 是 G 的子群.

(2) 设 $H\leqslant G$,由定义 1.3.1 可知条件(2)显然成立.

反之,由条件(2)知,$a\in H$,有 $e=aa^{-1}\in H$,即 H 有单位元.又 $\forall a\in H$,有 $a^{-1}=ea^{-1}\in H$,即 H 中任意元素有逆元.对于 $a,b\in H$,有 $ab=a\,(b^{-1})^{-1}\in H$,

即 G 的运算也是 H 的运算，且该运算满足结合律，所以 H 是 G 的子群. □

下面给出子群的一些例子.

例 1.3.4 对于上一节提到的 n 次一般线性群 $(\boldsymbol{GL}_n(\mathbb{C}),\cdot)$ 和 n 次特殊线性群 $(\boldsymbol{SL}_n(\mathbb{C}),\cdot)$，不难验证 $\boldsymbol{SL}_n(\mathbb{C})\leqslant\boldsymbol{GL}_n(\mathbb{C})$.

首先 $\boldsymbol{E}_n\in\boldsymbol{SL}_n(\mathbb{C})$，故 $\boldsymbol{SL}_n(\mathbb{C})\neq\varnothing$. 又 $\boldsymbol{SL}_n(\mathbb{C})\subseteq\boldsymbol{GL}_n(\mathbb{C})$，$\forall\boldsymbol{A},\boldsymbol{B}\in\boldsymbol{SL}_n(\mathbb{C})$，由于 $\det(\boldsymbol{AB})=\det\boldsymbol{A}\det\boldsymbol{B}=1\cdot1=1$，所以 $\boldsymbol{AB}\in\boldsymbol{SL}_n(\mathbb{C})$. 又 $\forall\boldsymbol{A}\in\boldsymbol{SL}_n(\mathbb{C})$，由于 $\det(\boldsymbol{A}^{-1})=(\det\boldsymbol{A})^{-1}=1$，所以 $\boldsymbol{A}^{-1}\in\boldsymbol{SL}_n(\mathbb{C})$. 由命题1.3.3(1)，故 $\boldsymbol{SL}_n(\mathbb{C})\leqslant\boldsymbol{GL}_n(\mathbb{C})$.

例 1.3.5 $S_3=\{(1),(12),(13),(23),(123),(132)\}$，设 $A_3=\{(1),(123),(132)\}$，验证 A_3 为 S_3 的子群.

首先，$\varnothing\neq A_3\subset S_3$，由于对 $\forall a,b\in A_3$，易见 $ab\in A_3$（注意：$(123)(132)=(1)$，$(132)(123)=(1)$，$(132)(132)=(123)$，$(123)(123)=(132)$）. 又由于 $\forall a\in A_3$，$a^{-1}\in A_3$（这里 $(1)^{-1}=(1)$，$(123)^{-1}=(132)$，$(132)^{-1}=(123)$）. 由命题1.3.3(1)，即得 $A_3\leqslant S_3$，并称 A_3 为 **3 次交错群**.

例 1.3.6 设 G 是一个群，$C=\{a\in G\mid ax=xa,\forall x\in G\}$ 是 G 的非空子集，则 C 是 G 的子群，称之为 G 的**中心**.

已知 $C\neq\varnothing$（因为 $e\in C$）. 对于 $a,b\in C$，$\forall x\in G$，有

$$ax=xa,\quad bx=xb.$$

$$(ab)x=a(bx)=a(xb)=(ax)b=(xa)b=x(ab).$$

所以 $ab\in C$. 又在 $ax=xa$ 左右两边同乘 a^{-1} 得 $xa^{-1}=a^{-1}x$，故 $a^{-1}\in C$. 由命题1.3.3(1)可知，$C\leqslant G$.

由此可见，群 G 的中心 C 显然是 G 的交换子群，且 G 是交换群 $\Leftrightarrow C=G$.

例 1.3.7 设 G 为群，$a\in G$. 令 $\langle a\rangle=\{a^n\mid n\in\mathbb{Z}\}$，则 $\langle a\rangle\leqslant G$ 且 $\langle a\rangle$ 为群 G 的包含 a 的最小子群.

首先，$\langle a\rangle\neq\varnothing$. 设 $x,y\in\langle a\rangle$，则有 $x=a^m$，$y=a^n$ $(m,n\in\mathbb{Z})$，$xy=a^ma^n=a^{m+n}\in\langle a\rangle$；对于 $x\in\langle a\rangle$，有 $x^{-1}=(a^m)^{-1}=a^{-m}\in\langle a\rangle$. 由命题1.3.3(1)，故 $\langle a\rangle\leqslant G$. 又对于 G 的任意子群 H，若 $a\in H$，则 H 一定包含 a^n $(n\in\mathbb{Z})$（因为 H 是 G 的子群），从而 $\langle a\rangle\subseteq H$，故 $\langle a\rangle$ 是 G 的包含 a 的最小子群.

由上节变换群和置换群的定义可知：变换群实际上就是某个集合 A 上的所有一一变换组成的集合关于变换的乘积构成的群的子群. 当集合 A 是有限集时，这样的子群就是置换群. 因此置换群是某个对称群 S_n 的子群.

下面给出子群的一些性质.

规定群 G 的两个子集 H,K 的乘积为：$HK=\{hk\mid h\in H,k\in K\}$. 我们发现两个子群的乘积未必是子群. 由习题1.3第3题知，$H=\{(1),(12)\}\leqslant S_3$，$K=$

$\{(1),(13)\}\leqslant S_3$，然而 $HK=\{(1),(12),(13),(132)\}\not\leqslant S_3$. 那么在什么条件下两个子群的积是子群呢？下面的命题回答了这个问题.

命题 1.3.8 设 G 是一个群，$H\leqslant G, K\leqslant G$，则 $HK\leqslant G \Leftrightarrow HK=KH$.

证明 假设 $HK\leqslant G, a\in HK$，所以 $a^{-1}\in HK$，从而 $a^{-1}=h_1k_1(h_1\in H, k_1\in K)$，因此 $a=(h_1k_1)^{-1}=k_1^{-1}h_1^{-1}\in KH$，故 $HK\subseteq KH$. 若设 $a\in KH$，有 $a=kh$ $(h\in H, k\in K)$，由 $k=e\cdot k\in HK, h=h\cdot e\in HK$，又 HK 是子群，所以 $a=kh=(e\cdot k)(h\cdot e)\in HK$. 故 $KH\subseteq HK$. 综上有 $HK=KH$.

反之，假设 $HK=KH$，由 $e=e\cdot e\in HK$，故 $HK\neq\varnothing$. 设 $a,b\in HK$，有 $a=h_1k_1, b=h_2k_2(h_1,h_2\in H, k_1,k_2\in K)$，$ab^{-1}=(h_1k_1)(h_2k_2)^{-1}=h_1(k_1k_2^{-1}h_2^{-1})=h_1h'k'\in HK$（注意：由于 $HK=KH$，所以 $k_1k_2^{-1}h_2^{-1}\in KH=HK$，因此有 $k_1k_2^{-1}h_2^{-1}=h'k', h'\in H, k'\in K$）. 由命题 1.3.3(2)，即得 $HK\leqslant G$. □

注意，命题 1.3.8 中的 $HK=KH$ 不意味着对 $\forall h\in H, k\in K$，都有 $hk=kh$，而是指存在 $h'\in H, k'\in K$，使得 $hk=k'h'$；若 G 为交换群，$HK=KH$ 自然成立，从而 $HK\leqslant G$.

命题 1.3.9 设 G 是群，$H_i(1\leqslant i\leqslant n)$ 是 G 的子群，则 $\bigcap_{i=1}^{n} H_i$ 仍是 G 的子群.

证明 设 $H=\bigcap_{i=1}^{n} H_i$，对 $\forall i$ 有 $e\in H_i$，所以 $e\in H, H\neq\varnothing$. 又对 $\forall a,b\in H$，有 $a,b\in H_i(\forall i, 1\leqslant i\leqslant n)$. 由于 H_i 是 G 的子群，故 $ab^{-1}\in H_i(\forall i, 1\leqslant i\leqslant n)$，从而 $ab^{-1}\in H$. 由命题 1.3.3(2)知，$\bigcap_{i=1}^{n} H_i$ 是 G 的子群. □

一般地，若 $H_i(i\in I)$ 是群 G 的一族子群，则其交 $\bigcap_{i\in I} H_i$ 也是群 G 的子群. 子群的交是子群，而子群的并未必是子群. 例如，模 12 剩余类加群 $\mathbb{Z}_{12}$ 的子集

$$H=\{\bar{0},\bar{2},\bar{4},\bar{6},\bar{8},\overline{10}\} \text{和} K=\{\bar{0},\bar{3},\bar{6},\bar{9}\}$$

是 $\mathbb{Z}_{12}$ 的子群，此时 $H\not\subseteq K, K\not\subseteq H$. $H\cap K=\{\bar{0},\bar{6}\}$ 是 $\mathbb{Z}_{12}$ 的子群，$H\cup K=\{\bar{0},\bar{2},\bar{3},\bar{4},\bar{6},\bar{8},\bar{9},\overline{10}\}$，因为 $\bar{2}+\bar{3}=\bar{5}\notin H\cup K$，所以 $H\cup K$ 不是 $\mathbb{Z}_{12}$ 的子群.

例 1.3.10 设 G 是一个群，H 和 K 是 G 的两个子群，证明

$$H\cup K\leqslant G \Leftrightarrow H\subseteq K \text{ 或者 } K\subseteq H.$$

证明 设 $H\cup K\leqslant G$，若 $H\not\subseteq K$，则存在 $a_0\in H$ 且 $a_0\notin K$. 设 b 是 K 的任意一元，由 $H\cup K\leqslant G$，故 $a_0\in H\cup K, b\in H\cup K$，从而 $a_0b\in H\cup K$，所以 $a_0b\in H$ 或者 $a_0b\in K$. 若 $a_0b\in K$，由于 $b\in K$，则 $a_0\in K$，与假设矛盾！故 $a_0b\notin K$. 因此 $a_0b\in H$. 由 $a_0\in H$，故 $b\in H$. 又因 b 是 K 的任意一元，故 $K\subseteq H$. 同理，若 $K\not\subseteq H$，则 $H\subseteq K$.

反之，设 $H\subseteq K$，则 $H\cup K=K$，故 $H\cup K\leqslant G$. 同理，设 $K\subseteq H$，则 $H\cup K\leqslant G$.

由命题 1.3.9 易见这样一个事实：若 G 是一个群，S 是 G 的一个非空子集，

所有包含S的G的子群的交是G的包含S的最小子群.

下面我们给出由集合生成子群的定义.

定义 1.3.11 设G是一个群,S是G的一个非空子集,G的包含S的最小子群称为G的**由S生成的子群**,记为$\langle S\rangle$(实际上它就是G的包含S的所有子群的交).这时称S为$\langle S\rangle$的一个**生成元集**.如果群G自身由子集S生成,即$G=\langle S\rangle$,并且S是有限集,即$S=\{a_1,a_2,\cdots,a_n\}$,则称G是**有限生成群**,记为$G=\langle a_1,a_2,\cdots,a_n\rangle(=\langle\{a_1,a_2,\cdots,a_n\}\rangle)$.特别地,如果群$G$是由一个元素$a$生成,即$G=\langle a\rangle$,则称$G$是**循环群**.

关于集合生成的子群中元素的形式,我们有下面的结果:

定理 1.3.12 设G是一个群,S是G的一个非空子集.则

$$\langle S\rangle=\{a_{i_1}^{t_1}a_{i_2}^{t_2}\cdots a_{i_n}^{t_n}\mid a_{i_1},\cdots,a_{i_n}\in S,t_i\in\mathbb{Z},n\in\mathbb{Z}^+,\mathbb{Z}^+\text{为正整数}\}.\quad(1\text{-}3\text{-}1)$$

证明 设式(1-3-1)右边的集合为H,即证明$\langle S\rangle=H$.

由$H=\{a_{i_1}^{t_1}a_{i_2}^{t_2}\cdots a_{i_n}^{t_n}\mid a_{i_1},\cdots,a_{i_n}\in S,t_i\in\mathbb{Z},n\in\mathbb{Z}^+\}$,因为$S\neq\varnothing$,$S\subseteq H$,可知$H$是$G$的一个非空子集.对$\forall a=a_{i_1}^{t_1}a_{i_2}^{t_2}\cdots a_{i_n}^{t_n}\in H$和$b=b_{j_1}^{u_1}b_{j_2}^{u_2}\cdots b_{j_m}^{u_m}\in H$,

$$ab=a_{i_1}^{t_1}a_{i_2}^{t_2}\cdots a_{i_n}^{t_n}b_{j_1}^{u_1}b_{j_2}^{u_2}\cdots b_{j_m}^{u_m}\in H\text{ 及 }a^{-1}=a_{i_n}^{-t_n}\cdots a_{i_2}^{-t_2}a_{i_1}^{-t_1}\in H.$$

其中$a_{i_1},\cdots,a_{i_n},b_{j_1},b_{j_2},\cdots,b_{j_m}\in S;t_i,u_j\in\mathbb{Z};n,m\in\mathbb{Z}^+$.由命题1.3.3(1)知$H$是$G$的一个子群.一方面,注意到$S\subseteq H$,由$\langle S\rangle$的定义知$\langle S\rangle\subseteq H$.另一方面,由于$a_{i_1},\cdots,a_{i_n}\in S\subseteq\langle S\rangle$,及$\langle S\rangle$是一个群,所以$a_{i_1}^{t_1}a_{i_2}^{t_2}\cdots a_{i_n}^{t_n}\in\langle S\rangle$,故$H\subseteq\langle S\rangle$.因此可得出结论:$\langle S\rangle=H$. □

由上所述,我们有下面的结论.

若G是一个交换群,S是G的有限子集,即$S=\{a_1,\cdots,a_n\}$,则

$$\langle S\rangle=\{a_1^{m_1}\cdots a_n^{m_n}\mid m_1,\cdots,m_n\in\mathbb{Z}\}.$$

特别地,若$S=\{a\}$,则

$$\langle\{a\}\rangle=\{a^n\mid n\in\mathbb{Z}\}=\langle a\rangle,$$

即为G的由a生成的循环子群(例1.3.7).

若G是加法群,则

$$\langle S\rangle=\{m_1a_1+\cdots+m_na_n\mid m_1,\cdots,m_n\in\mathbb{Z}\},$$

$$\langle\{a\}\rangle=\{na\mid n\in\mathbb{Z}\}=\langle a\rangle.$$

在§1.2中我们已经给出了群的阶的概念.下面给出群的元素的阶的定义.

定义 1.3.13 设G是一个群,$a\in G$.若存在正整数n使得$a^n=e$,则称满足此条件的最小正整数n为**a的阶**,记为$|a|=n$.若这样的n不存在,则称a的阶为无穷,记为$|a|=\infty$.

据定义,

$$|a|=\min\{n\in\mathbb{Z}^+\mid a^n=e\}.$$

显然，$|a|\geqslant 1$. 特别地，$|a|=1\Leftrightarrow a=e$；$|a|=2$，即 $a^2=e\Leftrightarrow a=a^{-1}$，$a$ 与其自身互逆. 注意，若群 G 中的某个元素 a 的阶无穷，则 G 是无限群. 事实上，$a\in G$，$|a|=\infty$ 意味着 $\forall m,n\in\mathbb{Z}^+$，若 $m\neq n$，则有 $a^m\neq a^n$，故 $\langle a\rangle$ 是无限群. 又 $\langle a\rangle\leqslant G$，进而 G 是无限群. 换言之，若 G 是有限群，则 G 中所有元素都是有限阶的.

下面定理说明了群 G 中的元素的阶与该元素构成的循环子群的阶相同.

定理 1.3.14 G 是一个群，$a\in G$，则 $|\langle a\rangle|=|a|$.

证明 若 $|a|=\infty$，则对 $\forall n\in\mathbb{Z}^+$，有 $a^n\neq e$. 从而对 $\forall i,j\in\mathbb{Z}$，$i\neq j$，有 $a^i\neq a^j$（因为若 $i\neq j$ 有 $a^i=a^j$，不妨设 $i>j$，有 $a^{i-j}=e$ $(i-j>0)$，这与假设矛盾）. 所以

$$\langle a\rangle=\{\cdots,a^{-2},a^{-1},a^0=e,a,a^2,\cdots\},$$

即 $|\langle a\rangle|=\infty$.

下面假设 $|a|=n<\infty$. 由于 $a^n=e$，及对任意小于 n 的正整数 m，都有 $a^m\neq e$. 于是 $e,a,a^2,\cdots,a^{n-1}$ 是 n 个互不相同的元素. 对 $\forall m\in\mathbb{Z}$，$\exists q,r\in\mathbb{Z}$，使得

$$m=qn+r,\qquad 0\leqslant r<n.$$

于是 $a^m=a^{qn+r}=(a^n)^q a^r=e^q a^r=a^r$，所以 $\langle a\rangle=\{e,a,a^2,\cdots,a^{n-1}\}$，故 $|\langle a\rangle|=n$. 综上有 $|\langle a\rangle|=|a|$. □

例 1.3.15 观察 $\mathbb{Z}_{12}$ 的元 $\bar{3}$ 及由 $\bar{3}$ 生成的 $\mathbb{Z}_{12}$ 的循环子群 $\langle\bar{3}\rangle$ 的阶.

由于 $\bar{3}+\bar{3}=\bar{6}$，$\bar{3}+\bar{3}+\bar{3}=\bar{9}$，$\bar{3}+\bar{3}+\bar{3}+\bar{3}=\bar{0}$，所以 $|\bar{3}|=4$，又 $\langle\bar{3}\rangle=\{\bar{0},\bar{3},\bar{6},\bar{9}\}$，$|\langle\bar{3}\rangle|=4$，即 $|\bar{3}|=4=|\langle\bar{3}\rangle|$.

习题 1.3

1. 设 $G=GL_n(\mathbb{R})$ 是实数域 $\mathbb{R}$ 上的 n 次一般线性群，H 是 G 的由全体 n 阶可逆且主对角线均为 1 的上三角方阵组成的 G 的子集，证明：H 是 G 的子群.

2. 设 H 是群 G 的子群，证明：$gHg^{-1}=\{ghg^{-1}\mid h\in H\}$ $(\forall g\in G)$ 也是 G 的子群，称之为 H 的**共轭子群**.

3. 证明：$H=\{(1),(12)\}$ 和 $K=\{(1),(13)\}$ 均为 S_3 的子群.

4. 设 $K_4=\{(1),(12)(34),(13)(24),(14)(23)\}$，证明：$K_4$ 是 S_4 的子群.

5. 设 H 是 G 的一个子群，令集合

$$N(H)=\{g\in G\mid gHg^{-1}=H\},$$

证明：$N(H)$ 是 G 的一个子群. 称 $N(H)$ 为 H 在 G 中的**正规化子**.

6. 设 G 是群，$H_i(i=1,2,\cdots)$ 是 G 的子群，且 $H_1\leqslant H_2\leqslant\cdots\leqslant H_n\leqslant\cdots$，试证：$H=\bigcup\limits_{i=1}^{\infty}H_i$ 是 G 的一个子群.

7. 设 S 是 G 的非空子集，令集合

$$C(S)=\{x\in G\mid xs=sx,\forall s\in S\},$$

证明:$C(S)$是G的一个子群.称$C(S)$为S在G中的**中心化子**.试问$C(G)$等于什么?

8. 设G是一个群,$a,b\in G$,证明:a与bab^{-1}具有相同的阶.

9. 求$\mathbb{Z}_{12}$中各元素的阶.

10. 设G是有理数上所有非奇异的2×2矩阵构成的乘法群,验证

$$\boldsymbol{A}=\begin{pmatrix}0 & -1\\ 1 & 0\end{pmatrix}\text{和}\boldsymbol{B}=\begin{pmatrix}0 & 1\\ -1 & -1\end{pmatrix}$$

的阶分别为4和3,而$\boldsymbol{AB}$的阶为∞.

11. 设G为一个群,$a\in G$且$|a|=n$.若$a^m=e(m\in\mathbb{Z}\setminus\{0\})$,证明:$n\mid m$.

§1.4 循环群

本节介绍一类结构最简单的群——循环群.上节已经给出了循环群的定义(即由一个元素生成的群),本节研究它的性质.

我们知道整数加法群$\mathbb{Z}$是一个循环群.它是由数1生成:

$$\mathbb{Z}=\langle 1\rangle=\{n\cdot 1\mid n\in\mathbb{Z}\}.$$

$\mathbb{Z}$中的任意元素n是元素1的n次"幂"(注意,这里运算是加法):

$$n=n\cdot 1=\underbrace{1+1+\cdots+1}_{n}.$$

又知,模n剩余类加群$\mathbb{Z}_n$也是一个循环群.它是由$\bar{1}$生成:

$$\mathbb{Z}_n=\langle\bar{1}\rangle=\{i\cdot\bar{1}\mid 0\leqslant i\leqslant n-1\}.$$

$\mathbb{Z}_n$中的任意元素$\bar{i}$是元素$\bar{1}$的i次"幂":

$$\bar{i}=\overline{i\cdot 1}=\overline{\underbrace{1+1+\cdots+1}_{i}}=\underbrace{\bar{1}+\bar{1}+\cdots+\bar{1}}_{i}=i\cdot\bar{1}.$$

回顾习题1.2第9题,$\mathbb{Z}_5^*=\{\bar{1},\bar{2},\bar{3},\bar{4}\}$,它关于"·"构成群.其单位元为$\bar{1}$.由于$(\bar{1})^{-1}=\bar{1},(\bar{2})^{-1}=\bar{3},(\bar{3})^{-1}=\bar{2},(\bar{4})^{-1}=\bar{4}$.又因为$\bar{1}=\bar{4}^2=\bar{2}^4,\bar{2}=\bar{2},\bar{3}=\bar{2}^3,\bar{4}=\bar{2}^2$.故$\mathbb{Z}_5^*=\langle\bar{2}\rangle$.即由$\bar{2}$生成的关于乘法"·"的循环群.

关于循环群有下面重要的性质.

定理1.4.1 循环群的子群仍然是循环群.

证明 设G是一个循环群,即$G=\langle a\rangle$,H是G的任意一个子群.若$H=\{e\}$,则$H=\langle e\rangle$是循环群.下面设$H\neq\{e\}$,则存在$t\in\mathbb{Z},t\neq 0,a^t\in H$.由于$H$是子群,所以$a^{-t}=(a^t)^{-1}\in H$,从而可设$t\in\mathbb{Z}^+$.令$s$是这种$t$中的最小值,即

$$s=\min\{t\in\mathbb{Z}^+\mid a^t\in H\}.$$

现在来证 $H=\langle a^s\rangle$.

事实上,$a^s\in H$ 且 H 是子群,故 $\langle a^s\rangle\subseteq H$. 下面证明 $H\subseteq\langle a^s\rangle$. 设 $a^m\in H$,由带余除法 $m=sq+r(0\leqslant r<s)$,则 $a^r=a^m\ (a^s)^{-q}\in H$. 由 s 的最小性,故 $r=0$. 从而 $a^m=(a^s)^q\in\langle a^s\rangle$,因此 $H\subseteq\langle a^s\rangle$,于是 $H=\langle a^s\rangle$,故 H 也是循环群.

□

如前面讲到的加法群 $\mathbb{Z}$ 和模 n 剩余类加群 $\mathbb{Z}_n$ 均是循环群,现在具体看其子群情况.

例 1.4.2 (1) 设 H 为加法群 $\mathbb{Z}(=\langle 1\rangle)$ 的任意子群,由定理 1.4.1 知,H 是循环群. 实际上,令 $\min\{t\in\mathbb{Z}^+\mid t\in H\}=s$,那么

$$H=\langle s\rangle=\{ks\mid k\in\mathbb{Z}\}\triangleq s\mathbb{Z},$$

因此 $\mathbb{Z}$ 的全部子群形式为 $\langle s\rangle=s\mathbb{Z}(s\in\mathbb{Z}^+)$.

(2) 对于模 n 剩余类加群 $\mathbb{Z}_n$,由于 $\mathbb{Z}_n=\langle\bar{1}\rangle$,因此 $\mathbb{Z}_n$ 的子群也是循环群. 现就 $n=12$ 情形讨论其子群的情况.

$$\mathbb{Z}_{12}=\{\bar{0},\bar{1},\bar{2},\bar{3},\bar{4},\bar{5},\bar{6},\bar{7},\bar{8},\bar{9},\overline{10},\overline{11}\}$$

$\mathbb{Z}_{12}$ 的子群(图 1-6)有:

$\langle\bar{1}\rangle=\mathbb{Z}_{12}$, $\langle\bar{2}\rangle=\{\bar{0},\bar{2},\bar{4},\bar{6},\bar{8},\overline{10}\}$, $\langle\bar{3}\rangle=\{\bar{0},\bar{3},\bar{6},\bar{9}\}$,

$\langle\bar{4}\rangle=\{\bar{0},\bar{4},\bar{8}\}$, $\langle\bar{6}\rangle=\{\bar{0},\bar{6}\}$, $\langle\overline{12}\rangle(=\langle\bar{0}\rangle)$.

其阶分别为:

$|\langle\bar{1}\rangle|=12$, $|\langle\bar{2}\rangle|=6$, $|\langle\bar{3}\rangle|=4$,

$|\langle\bar{4}\rangle|=3$, $|\langle\bar{6}\rangle|=2$, $|\langle\overline{12}\rangle|=1$.

后面将看到 $\mathbb{Z}_n=\langle\bar{1}\rangle$ 的全部子群为 $\{\langle s\bar{1}\rangle\mid s$ 是 n 的正因子$\}$.

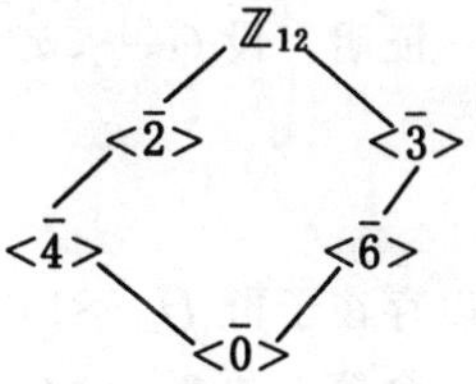

$\mathbb{Z}_{12}$ — $\langle\bar{2}\rangle$, $\langle\bar{3}\rangle$ — $\langle\bar{4}\rangle$, $\langle\bar{6}\rangle$ — $\langle\bar{0}\rangle$

图 1-6

命题 1.4.3 设 $G=\langle a\rangle$ 是一个阶为 n 的循环群,则 G 的元 a^s 的阶为 $\frac{n}{(n,s)}$. 即

$$|a^s|=\frac{n}{(n,s)}.$$

其中 (n,s) 是 n 和 s 的最大公约数.

证明 设 $d=(n,s)$,那么 $n=n'd$, $s=s'd$. 由于 $(n',s')=1$,故

$$\frac{n}{(n,s)}=\frac{n}{d}=n'.$$

现在证明 a^s 的阶是 n'.

由于

$$(a^s)^{n'}=a^{sn'}=a^{s'dn'}=a^{ns'}=(a^n)^{s'}=e^{s'}=e.$$

设$(a^s)^m=e(m\in\mathbb{Z}^+)$,那么$a^{sm}=e$,由于$|a|=n$(注意$|\langle a\rangle|=|a|$),故$n|sm$,即$n'|m$.由定义1.3.13,所以$|a^s|=n'$,即$|a^s|=\dfrac{n}{(n,s)}$. □

推论1.4.4 设$G=\langle a\rangle$是一个rs阶循环群,$r,s\in\mathbb{Z}^+$,$|a|=rs$,则$|a^r|=s$,$|a^s|=r$.

证明 由命题1.4.3即得. □

例1.4.5 对于群$\mathbb{Z}_{60}$,试求$\overline{12}(\in\mathbb{Z}_{60})$的阶.

由于$\overline{1}$是$\mathbb{Z}_{60}$的生成元(即$\mathbb{Z}_{60}=\langle\overline{1}\rangle$),$\overline{12}=12\cdot\overline{1}=\underbrace{\overline{1}+\overline{1}+\cdots+\overline{1}}_{12}$,

$(60,12)=12$,由命题1.4.3,所以$|\overline{12}|=\dfrac{60}{(60,12)}=5$.

推论1.4.6 设$G=\langle a\rangle$是一个n阶循环群,$a^s\in G$.则a^s为G的生成元的充要条件是$(n,s)=1$.

证明 a^s是G的生成元$\Leftrightarrow\langle a^s\rangle=G\Leftrightarrow|\langle a^s\rangle|=|G|=n$.

由命题1.4.3,所以

$$\frac{n}{(n,s)}=n\Leftrightarrow(n,s)=1.\quad(\text{注意}|\langle a^s\rangle|=|a^s|)$$ □

命题1.4.7 设G为有限循环群,$m\,|\,|G|(m\in\mathbb{Z}^+)$,则$G$有$m$阶的子群.

证明 设$G=\langle a\rangle$,令$|G|=n$,$s=\dfrac{n}{m}$,由命题1.4.3有

$$|a^s|=\frac{n}{(s,n)}=\frac{n}{s}=m,$$

所以存在子群$H=\langle a^s\rangle$,其阶是m. □

命题1.4.8 设G为群,$a,b\in G$且$|a|=m$,$|b|=n$.若$ab=ba$且$(m,n)=1$,则$|ab|=mn$.

证明 首先,$(ab)^{mn}=a^{mn}b^{mn}=(a^m)^n(b^n)^m=e$.

设$(ab)^l=e$,由于$ab=ba$,所以$(ab)^l=a^lb^l=e$,故$a^l=(b^{-1})^l$.将其两边进行m次幂,

$$(b^{-1})^{lm}=(a)^{lm}=(a^m)^l=e^l=e.$$

所以$(b^{-1})^{lm}=e$,即$b^{lm}=e$.从而有$n|lm$.再由$(m,n)=1$,有$n|l$.

同理,$m|l$,因而$mn|l$,故$mn\leqslant l$.

综上,mn是满足$(ab)^l=e$的最小正整数.由定义1.3.13,有$|ab|=mn$. □

循环群简单在于它是由一个元素生成的群,在证明定理1.6.9后,对它的认识会更进一步.n阶循环群本质上只有两类,即$\mathbb{Z}$及$\mathbb{Z}_n$.而$\mathbb{Z}$和$\mathbb{Z}_n$正是初等数论的主要研究对象,所以循环群的各种性质只不过是初等数论中整数和同余性

质的群论叙述形式.

习题1.4

1. 证明:循环群是交换群.

2. 确定实数域$\mathbb{R}$上一般线性群$GL_2(\mathbb{R})$中由元素$A=\begin{pmatrix}2 & 3\\ -1 & -1\end{pmatrix}$生成的循环群.

3. 设$G=\langle a\rangle$是n阶循环群,$H=\langle a^s\rangle$和$K=\langle a^t\rangle$是G的两个子群.证明:$H=K\Leftrightarrow(s,n)=(t,n)$.

4. 设G是无限循环群,证明:G有且仅有两个生成元.

5. 设G是群,$\forall a,b\in G$,证明:$|ab|=|ba|$.

6. 试求群$\mathbb{Z}_{32}$的元$\overline{15}$的阶.

§1.5 正规子群和商群

本节介绍一种重要的子群——正规子群.它在群论中起着非常重要的作用.

首先,作如下记法.设G为群,A、B为G的子集,A与B的乘积定义为

$$AB=\{ab\mid a\in A,b\in B\},\ A^{-1}=\{a^{-1}\mid a\in A\}.$$

如果$A=\{a\}$,则记

$$AB=\{a\}B=aB=\{ab\mid b\in B\},\ BA=B\{a\}=Ba=\{ba\mid b\in B\}.$$

易见,子集的乘积满足结合律.又易见,若H是G的子群,则$HH=H$.

在§1.1中我们介绍了集合上的等价关系以及等价类的概念.集合上的等价关系能将集合分拆成一些互不相交的等价类.

现在我们采取同样的方法,通过子群H来定义群G上的等价关系,将群G分拆成一些等价类.

命题与定义1.5.1 设G是一个群,H是G的一个子群.在G上定义关系$\sim$:

$$a\sim b\Leftrightarrow ab^{-1}\in H\quad(\forall a,b\in G),$$

则$\sim$是G上的一个等价关系并且元素$a\in G$对此等价关系的等价类$\bar{a}$为Ha.称等价类$Ha(a\in G)$为群G对于子群H的一个**右陪集**.

证明 (1)(自反性)$\forall a\in G$,由于$aa^{-1}=e\in H$,所以$a\sim a$.

(2)(对称性)若$a\sim b$,则$ab^{-1}\in H$.由于H是子群,从而$ba^{-1}=(ab^{-1})^{-1}\in H$,所以$b\sim a$.

(3)(传递性)若 $a\sim b,b\sim c$,则 $ab^{-1},bc^{-1}\in H$,因此 $ac^{-1}=(ab^{-1})(bc^{-1})\in H$,所以 $a\sim c$. 综上"$\sim$"是 G 上的一个等价关系.

注意到,$a\sim b\Leftrightarrow ab^{-1}\in H\Leftrightarrow ba^{-1}\in H\Leftrightarrow b=ha\in Ha$,这意味着与 a 等价的元素全体(即 a 的等价类 $\bar{a}$)为集合 Ha. 即 $\bar{a}=Ha$. □

易见,群 G 对于其子群 H 的任意两个右陪集,或是完全相同,或是交集为空集. 于是,G 对于子群 H 的所有不同的右陪集构成了 G 的一个分拆:$G=\bigcup\limits_{a\in R}Ha$,称此分拆为 G 对子群 H 的**右陪集分解**(即 G 分解为无交右陪集之并). R 为 G 对于 H 的右陪集的代表元集.

对于 H 的右陪集,显然有

$$He=H;$$

对 $\forall a\in G$,有

$$Ha=H\Leftrightarrow a\in H;\quad Ha=Hb\Leftrightarrow ab^{-1}\in H.$$

例 1.5.2 求 3 次对称群 S_3 关于子群 $H=\{(1),(12)\}$ 的全体右陪集.

由于 $S_3=\{(1),(12),(13),(23),(123),(132)\}$,所以有

$$H(1)=\{(1),(12)\}=H(12),$$
$$H(13)=\{(13),(132)\}=H(132),$$
$$H(23)=\{(23),(123)\}=H(123).$$

例 1.5.3 在例 1.4.2(2)中已知 $<\bar{4}>\leqslant\mathbb{Z}_{12}$,求子群 $<\bar{4}>$ 的所有不同的右陪集为.

由 $\mathbb{Z}_{12}=\{\bar{0},\bar{1},\bar{2},\bar{3},\bar{4},\bar{5},\bar{6},\bar{7},\bar{8},\bar{9},\overline{10},\overline{11}\}$,$<\bar{4}>=\{\bar{0},\bar{4},\bar{8}\}$ 的所有不同的右陪集为

$$<\bar{4}>+\bar{0}=\{\bar{0},\bar{4},\bar{8}\},\qquad <\bar{4}>+\bar{1}=\{\bar{1},\bar{5},\bar{9}\},$$
$$<\bar{4}>+\bar{2}=\{\bar{2},\bar{6},\overline{10}\},\qquad <\bar{4}>+\bar{3}=\{\bar{3},\bar{7},\overline{11}\}.$$

注意,在本题中群的运算是"+",所以将 Ha 要记作 $H+a=\{h+a\mid h\in H\}$.

类似地,可以定义群 G 的子群 H 的左陪集:对于群 G 的子群 H,在 G 上定义等价关系:

$$a\sim' b\Leftrightarrow b^{-1}a\in H\quad(\forall a,b\in G),$$

则对 $\forall a\in G$,等价类 $\bar{a}'=aH$,称之为 H 的**左陪集**. 对于左陪集也有

$$eH=H;\text{ 对 }\forall a\in G,\text{有 }aH=H\Leftrightarrow a\in H;\ aH=bH\Leftrightarrow b^{-1}a\in H.$$

上面例 1.5.2 中,S_3 关于子群 $H=\{(1),(12)\}$ 的全体左陪集为

$$(1)H=\{(1),(12)\}=(12)H,$$
$$(13)H=\{(13),(123)\}=(123)H,$$
$$(23)H=\{(23),(132)\}=(132)H.$$

注意,对比例 1.5.2 可见,$H(13)\neq(13)H$,$H(23)\neq(23)H$.

例 1.5.4　求对称群 S_3 关于子群 $A_3=\{(1),(123),(132)\}$ 的不同右陪集及左陪集.

$$A_3(1)=\{(1),(123),(132)\},\qquad (1)A_3=\{(1),(123),(132)\},$$
$$A_3(23)=\{(23),(13),(12)\}.\qquad (23)A_3=\{(23),(13),(12)\}.$$

从上面我们看到，作为群 G 的子群 H，它的全体右陪集和全体左陪集构成了 G 的两个分拆(或说划分)，这两个分拆可能是不同的，但有一个陪集是公共的，即为 H. H 本身是 G 的子群，而 H 的其他右(左)陪集都不是 G 的子群. 无论 H 的右陪集还是左陪集都有这样一个共同的事实：即 H 与 Ha(或 aH)之间存在着一一对应. 事实上，(以右陪集为例说明)作映射：

$$f: H\to Ha$$
$$h\mapsto ha\quad (\forall a\in G, h\in H),$$

因为由 Ha 的定义即知 f 是满射. 若 $h_1a=h_2a$，两端右乘 a^{-1} 得 $h_1=h_2$，所以 f 是单射. 综上，故 f 是一一对应.

此外，H 在 G 中的左、右陪集个数相等. 这是因为 $\forall a,b\in G$，

$$Ha=Hb\Leftrightarrow ab^{-1}\in H\Leftrightarrow ba^{-1}\in H\Leftrightarrow (b^{-1})^{-1}a^{-1}\in H\Leftrightarrow a^{-1}H=b^{-1}H.$$

这说明 H 的右陪集集合元素 Ha 与左陪集集合元素 $a^{-1}H$ 之间是一一对应的，因此 H 在 G 中的左、右陪集的个数相等.

定义 1.5.5　设 G 是群，H 是 G 的子群. H 的所有不同右(左)陪集的个数(不一定有限)称为 H 在 G 中的**指数**，记为 $[G:H]$. 当这个数无限时，记 $[G:H]=\infty$.

作为陪集分解的应用，下面证明群论中一个非常重要的定理，它定量地反映了群的阶、其子群的阶和该子群在群中的指数间的关系.

定理 1.5.6(拉格朗日(Lagrange)定理)　设 G 是一个有限群，H 是 G 的一个子群，则 $|G|=|H|[G:H]$.

证明　由右陪集分解

$$G=\bigcup_{a\in R}Ha\ (\text{两两无交之并}),$$

又 H 与其任一右陪集 Ha 之间是一一对应的，所以 $|H|=|Ha|$. 于是有

$$|G|=\sum_{a\in R}|Ha|=\sum_{a\in R}|H|=|H|[G:H].$$

其中 R 是 H 的不同右陪集的代表元集. □

推论 1.5.7　有限群 G 的子群的阶是 G 的阶的因子.

证明　由定理 1.5.6 即得. □

由此 n 阶群只有 n 的因子作为阶数的子群. 如一个 12 阶群只可能有 1，2，3，4，6，12 阶子群. 而素数阶群只有平凡子群.

推论 1.5.8 有限群 G 的元的阶是 G 的阶的因子.

证明 设 $a\in G$,因为 $\langle a\rangle\leqslant G$,由定理 1.3.14,$|a|=|\langle a\rangle|$,又由推论 1.5.7,$|\langle a\rangle|$ 是 $|G|$ 的因子,故 $|a|$ 是 $|G|$ 的因子. □

推论 1.5.9 设 G 是阶为 n 的有限群,则对 $\forall a\in G,a^n=e$.

证明 设 $|a|=m$,由推论 1.5.8,存在 $l\in\mathbb{Z}^+,n=ml$,所以,

$$a^n=a^{ml}=(a^m)^l=e^l=e.$$ □

推论 1.5.10 设 G 是一个有限群,其阶为素数,则 G 是循环群.

证明 令 $|G|=p,p$ 为素数. 由推论 1.5.8 知,$|a|\mid p(a\in G)$. 取 $a\neq e$,则 $|a|\neq 1$. 这样 $|\langle a\rangle|=|a|=p=|G|$ (注意到 $\langle a\rangle$ 是 G 的一个子群),故 $G=\langle a\rangle$ 是一个循环群. □

由例 1.5.4 看出,子群 A_3 的左、右陪集相同. 对于这种左、右陪集相同的子群我们下面作进一步讨论.

定义 1.5.11 设 G 是一个群,H 是 G 的一个子群. 若对 $\forall a\in G$,都有 $Ha=aH$,则称 H 为 G 的**正规子群**(又称**不变子群**),记为 $H\triangleleft G$.

由定义可知交换群的子群都是正规子群;对于任意群 G,$\{e\}$ 和 G 本身也是 G 的正规子群,称之为 G 的**平凡正规子群**;只有平凡正规子群的群称为**单群**.

关于正规子群有下面等价的表述.

命题 1.5.12 设 G 为群,H 为 G 的子群,则以下三个条件等价:

(1) $H\triangleleft G$;

(2) $aHa^{-1}=H\quad(\forall a\in G)$;

(3) $aha^{-1}\in H\quad(\forall a\in G,h\in H)$.

证明 (1)⇒(2).

由条件(1),有 $Ha=aH(\forall a\in G)$,两端同时右乘 a^{-1},即得(2).

(2)⇒(3)显然.

(3)⇒(1). 由条件(3)知,$ah\in Ha(\forall a\in G,h\in H)$,于是 $aH\subseteq Ha(\forall a\in G)$. 另一方面,在条件(3)中以 a^{-1} 代替 a,得 $a^{-1}ha\in H$,于是 $ha\in aH(\forall a\in G,h\in H)$,从而 $Ha\subseteq aH(\forall a\in G)$,故 $Ha=aH(\forall a\in G)$,即 $H\triangleleft G$. □

下面给出正规子群的一些例子.

例 1.5.13 设 G 是一个群,C 为 G 的中心,则 $C\triangleleft G$.

因为对 $\forall a\in G,c\in C,aca^{-1}=caa^{-1}=c\in C$,由命题 1.5.12(3),故 $C\triangleleft G$.

例 1.5.14 特殊线性群($\boldsymbol{SL}_n(\mathbb{R}),\cdot$)是一般线性群($\boldsymbol{GL}_n(\mathbb{R}),\cdot$)的正规子群.

因为对 $\forall \boldsymbol{A}\in\boldsymbol{GL}_n(\mathbb{R}),\boldsymbol{B}\in\boldsymbol{SL}_n(\mathbb{R})$,$|\boldsymbol{ABA}^{-1}|=|\boldsymbol{A}||\boldsymbol{B}||\boldsymbol{A}^{-1}|=|\boldsymbol{B}|=1$,所以 $\boldsymbol{ABA}^{-1}\in\boldsymbol{SL}_n(\mathbb{R})$. 由命题 1.5.12(3)得 $\boldsymbol{SL}_n(\mathbb{R})\triangleleft\boldsymbol{GL}_n(\mathbb{R})$.

例 1.5.15 设 G 为群，$H\leqslant G$，$K\lhd G$，则 $H\cap K\lhd H$.

显然 $H\cap K\leqslant G$，$H\cap K\leqslant H$. 对 $\forall h\in H$，$k\in H\cap K$，有 $hkh^{-1}\in H$. 又由于 $K\lhd G$，所以 $hkh^{-1}\in K$，因此 $hkh^{-1}\in H\cap K$. 由命题 1.5.12(3)，故 $H\cap K\lhd H$.

由子群的定义我们知道，子群的子群仍是子群. 但是，正规子群的正规子群未必是正规子群. 下例证实了这一事实.

例 1.5.16 证明 Klein 四元群 $K_4=\{(1),(12)(34),(13)(24),(14)(23)\}$ 是 4 次对称群 S_4 的一个正规子群.

(注意，这里的 Klein 四元群与例 1.2.7 的形式上有所不同，但读者可以验证它确实满足 Klein 四元群的条件，即图 1-5 中表的条件.)

因为 K_4 中除单位元(1)外的三个元素是 S_4 中仅有的阶为 2 的偶置换，现任取其中一个，设为 x，则对 S_4 中任意置换 φ，乘积 $\varphi x\varphi^{-1}$ 显然仍是一个阶为 2 的偶置换，从而 $\varphi x\varphi^{-1}\in K_4$. 故 $K_4\lhd S_4$.

又由于 K_4 是交换群，故 $B_4=\{(1),(12)(34)\}\lhd K_4$. 从而有 $B_4\lhd K_4\lhd S_4$，但是 $B_4\ntriangleleft S_4$. 因为易知 $(13)B_4\neq B_4(13)$. 这说明正规子群的正规子群不一定是原群的正规子群.

正规子群的重要性在于它的全体陪集关于子集的乘法可以构造一个新的群——商群. 设 G 是一个群，H 是 G 的正规子群，由命题与定义 1.5.1 可知 G 上的一个等价关系，决定了 G 的一个分类(即分拆)，每个等价类是 H 的右(左)陪集. 现在用 G/H 表示 H 的全体左陪集构成的集合(由于 H 是正规子群，$Ha=aH$，所以写左陪集还是右陪集均可)，即 $G/H=\{aH|a\in G\}$ (注意 G/H 的元素是集合). 为了赋予它群的结构，在 G/H 上定义二元运算：$(aH)(bH)=abH$.

命题与定义 1.5.17 设 G 是一个群，H 是 G 的正规子群，令

$$G/H=\{aH|a\in G\},$$

则 G/H 关于 G 的子集的乘法构成一个群，称之为 G 关于 H 的**商群**.

证明 在 G/H 上定义二元运算：

$$(aH)(bH)=abH.$$

首先验证该定义的合理性，即该运算与代表元的选取无关. 设 $aH=a'H$，$bH=b'H$. 注意到 $H\lhd G$，

$$\begin{aligned}(ab)H&=a(bH)H=a(Hb)H=(aH)(bH)=(a'H)(b'H)\\&=a'(Hb')H=a'(b'H)H=(a'b')HH=(a'b')H,\end{aligned}$$

即 $(ab)H=(a'b')H$，故运算定义是合理的. 显然该运算适合结合律. 又 $eH\in G/H$，故 $G/H\neq\varnothing$，而且对 $\forall aH\in G/H$ 有

$$(eH)(aH)=(aH)(eH)=aH,$$

对 $\forall aH\in G/H$，存在 $a^{-1}H\in G/H$，使得

$$(aH)(a^{-1}H)=(a^{-1}H)(aH)=eH,$$

故 G/H 关于 G 的子集的乘法构成一个群. □

若 G 是有限群,则由拉格朗日定理可知,商群的阶 $|G/H|=[G:H]=|G|/|H|$.

例 1.5.18 $(\mathbb{Z},+)$为加法群. 设 n 为正整数,对于 $\mathbb{Z}$ 的子群 $n\mathbb{Z}=\{nk|k\in\mathbb{Z}\}$,此时 $n\mathbb{Z}$ 的所有左陪集为:

$$0+n\mathbb{Z}=\{nk|k\in\mathbb{Z}\}=\bar{0},$$

$$1+n\mathbb{Z}=\{nk+1|k\in\mathbb{Z}\}=\bar{1},$$

$$2+n\mathbb{Z}=\{nk+2|k\in\mathbb{Z}\}=\bar{2},$$

$$\cdots\cdots$$

$$(n-1)+n\mathbb{Z}=\{nk+(n-1)|k\in\mathbb{Z}\}=\overline{n-1}.$$

即作为集合 $\mathbb{Z}/n\mathbb{Z}=\mathbb{Z}_n$. 又注意到这两个群(即商群 $\mathbb{Z}/n\mathbb{Z}$ 和模 n 剩余类加群 $\mathbb{Z}_n$)中运算也是一致的,即商群 $\mathbb{Z}/n\mathbb{Z}$ 的运算("子集的乘法")在这里就是剩余类的加法,即剩余类加群 $\mathbb{Z}_n$ 的运算,所以作为群 $\mathbb{Z}/n\mathbb{Z}=\mathbb{Z}_n$.

习题 1.5

1. 设 G 是一个群,H 是 G 的子群,K 是 G 的正规子群. 证明:

(1) $K\lhd HK$;

(2) 若 $H\lhd G$ 并且 $H\cap K=\{e\}$,则对任意的 $h\in H$ 和 $k\in K$ 都有 $hk=kh$.

2. 求加法群 $\mathbb{Z}_{12}$ 关于子群 $<\bar{2}>=\{\bar{0},\bar{2},\bar{4},\bar{6},\bar{8},\overline{10}\}$ 和 $<\bar{4}>=\{\bar{0},\bar{4},\bar{8}\}$ 的所有不同的左陪集及右陪集,并求商群 $\mathbb{Z}_{12}/<\bar{2}>$ 和 $\mathbb{Z}_{12}/<\bar{4}>$.

3. 设 G 是一个群,H 是 G 的子群. 若 $[G:H]=2$,证明:H 是 G 的正规子群.

4. 设 G 是一个群,H 是 G 的正规循环子群,证明:每一个 H 的子群都是 G 的正规子群.

5. 设 G 是一个群,H 是 G 的子群并且 $|H|=n$,若 G 只有一个阶为 n 的子群,证明:H 是 G 的正规子群.

6. 已知 $G=\{(a,b)|a,b\in\mathbb{R},a\neq 0\}$ 关于如下乘法

$$(a,b)(c,d)=(ac,ad+b)\quad ((a,b),(c,d)\in G)$$

构成群(习题 1.2 第 3 题),$K=\{(1,b)|b\in\mathbb{R}\}\subseteq G$,证明:$K\lhd G$.

7. 设 G 是一个群,$H\leqslant G$,$K\leqslant G$,若 $K\lhd G$,试证:$HK=KH$.

8. 设 G 是一个群,$H\leqslant G$,$K\lhd G$,$N\lhd G$,证明:

(1) $KH\leqslant G$;

(2) $KN \triangleleft G$.

9. 设 G 是一个群，H,K 是 G 的两个有限子群. 证明：

$$|HK| = |H||K|/|H \cap K|.$$

10. 设 G 是一个群，K 是 G 的正规子群.

(1) 若 H 是 G 的子群且 $H \supseteq K$，证明：H/K 是 G/K 的子群；若 H 是 G 的正规子群且 $H \supseteq K$，证明：H/K 是 G/K 的正规子群.

(2) 若 L 是 G/K 的一个子群，证明：存在 G 的子群 H，使 $H \supseteq K$ 且 $L = H/K$.

11. 设 G 是一个群，C 为 G 的中心，若 G/C 是循环群，证明：G 是交换群.

§1.6　群的同态与同构

前面讲到集合之间的联系是通过映射实现的. 群是在集合上赋予了二元运算的代数结构，因此考虑群之间联系时不仅要考虑作为集合的映射关系，同时还要兼顾群的二元运算. 本节群的同态与同构正是反映群与群之间保持了这种运算关系的映射，它是研究群的非常有效的工具.

定义 1.6.1　设 $(G, \cdot)$ 和 $(G', \circ)$ 是两个群，f 是集合 G 到 G' 的一个映射，若

$$f(a \cdot b) = f(a) \circ f(b) \quad (\forall a, b \in G), \tag{1-6-1}$$

则称 f 是群 G 到 G' 的一个**同态**(映射). 进一步地，若 f 是单射(满射)，则称 f 是**单同态**(**满同态**). 若 f 是双射(即一一对应)，则称 f 是群 G 到 G' 的一个**同构**，此时也称群 G 和 G' 同构，记为 $G \cong G'$.

若 f 是 G 到 G 自身的同态，即

$$f: G \to G$$
$$a \mapsto f(a) \ (\forall a \in G),$$

则称 f 为 G 的**自同态**.

若 f 是 G 到其商群 G/H 的同态，即

$$f: G \to G/H$$
$$a \mapsto aH \ (\forall a \in G),$$

则称 f 为群 G 到其商群 G/H 的**自然同态**. 显然，自然同态是满同态.

注意，式(6-1)中左边的运算“$\cdot$”是群 G 中的二元运算，右边的运算“$\circ$”是群 G' 中的二元运算. 在不引起混淆的情况下有时直接记为 $f(ab) = f(a)f(b)$.

例 1.6.2　设 $(\mathbb{R}^*, \cdot)$ 是实数乘法群($\mathbb{R}^* = \mathbb{R} \setminus \{0\}$)，$(\mathbb{R}^+, \cdot)$ 是正实数乘法群，f 是群 $\mathbb{R}^*$ 到群 $\mathbb{R}^+$ 的映射，即

$$f: \mathbb{R}^* \to \mathbb{R}^+$$

$$x \mapsto |x| \quad (\text{即 } f(x)=|x|),$$

则 f 是群 $\mathbb{R}^*$ 到群 $\mathbb{R}^+$ 的同态.

事实上,由于对 $\forall x,y\in\mathbb{R}^*$,有

$$f(xy)=|xy|=|x||y|=f(x)f(y),$$

故 f 是同态映射. 又对 $\forall x\in\mathbb{R}^+$,有 $f(x)=|x|=x$,所以 f 是满同态.

由 $f(1)=|1|=1$ 可知,群 $\mathbb{R}^*$ 的单位元 1 经 f 成为群 $\mathbb{R}^+$ 的单位元 1. 而对 $\forall x\in\mathbb{R}^*$ 其逆元 x^{-1} 有

$$f(x^{-1})=|x^{-1}|=|x|^{-1}=(f(x))^{-1},$$

即 x 的逆元经 f 作用成为 x 象的逆元.

命题 1.6.3 设 f 是群 G 到群 G' 的一个同态,e 和 e' 分别为群 G 和群 G' 的单位元,则

(1) $f(e)=e'$;

(2) $f(a^{-1})=(f(a))^{-1}(\forall a\in G)$.

证明 (1) 由于 e 是群 G 的单位元,所以

$$f(e)=f(ee)=f(e)f(e).$$

又因为 $f(e)\in G'$,而 G' 是群,所以 $f(e)$ 的逆元 $f(e)^{-1}\in G'$,将上式两边右乘 $f(e)^{-1}$,即得 $f(e)=e'$.

(2) 对于 $a\in G$,有 $f(aa^{-1})=f(e)$,从而 $f(a)f(a^{-1})=f(e)=e'$. 同样地,$f(a^{-1})f(a)=e'$,由逆元的定义,$f(a)$ 的逆元 $(f(a))^{-1}=f(a^{-1})$. □

命题 1.6.4 设 f 是群 G 到群 G' 的一个同态,则 G 的子集

$$\operatorname{Ker}(f)=\{a\in G\,|\,f(a)=e'\}$$

是 G 的正规子群,其中 e' 为群 G' 的单位元.

证明 设 e 为群 G 的单位元,由命题 1.6.3 (1) $f(e)=e'$ 可知 $e\in\operatorname{Ker}(f)$,所以 $\operatorname{Ker}(f)\neq\varnothing$. 对 $\forall a,b\in\operatorname{Ker}(f)$,由 $f(a)=f(b)=e'$,有

$$f(ab)=f(a)f(b)=e',\text{所以 } ab\in\operatorname{Ker}(f).$$

对 $\forall a\in\operatorname{Ker}(f)$,由于 $f(a^{-1})=(f(a))^{-1}=(e')^{-1}=e'$,所以 $a^{-1}\in\operatorname{Ker}(f)$. 由命题 1.3.3(1) 可知,$\operatorname{Ker}(f)\leqslant G$. 对于 $\forall b\in G$, $a\in\operatorname{Ker}(f)$,由于

$$f(bab^{-1})=f(b)f(a)f(b^{-1})=f(b)e'(f(b))^{-1}=f(b)(f(b))^{-1}=e',$$

所以 $bab^{-1}\in\operatorname{Ker}(f)$,由命题 1.5.12(3) 得 $\operatorname{Ker}(f)\lhd G$. □

定义 1.6.5 称命题 1.6.4 中的 $\operatorname{Ker}(f)$ 为群同态 f 的**核**.

例 1.6.6 求下面群同态 f 的核.

(1) 设 G 为群,$H\lhd G$,f: $G\to G/H$ $(a\mapsto aH)$ 为自然同态,则

$$\operatorname{Ker}(f)=H.$$

因为商群 G/H 的单位元是 H,而

$$a \in \mathrm{Ker}(f) \Leftrightarrow f(a)=H \Leftrightarrow aH=H \Leftrightarrow a \in H,$$

所以 $\mathrm{Ker}(f)=H$.

(2) 前例 1.6.2,有

$$f: \mathbb{R}^* \to \mathbb{R}^+,$$
$$x \mapsto |x|$$

则核 $\mathrm{Ker}(f)=\{1,-1\}$.

因为 $x \in \mathrm{Ker}(f) \Leftrightarrow f(x)=1 \Leftrightarrow |x|=1 \Leftrightarrow x=\pm 1$,故 $\mathrm{Ker}(f)=\{1,-1\}$.

命题 1.6.7　设 f 是群 G 到群 G' 的一个同态,则

f 是单同态 $\Leftrightarrow \mathrm{Ker}(f)=\{e\}$(其中 e 是 G 的单位元).

证明　假设 f 是单同态,设 $a \in \mathrm{Ker}(f)$,则 $f(a)=e'$. 由命题 1.6.3 (1),$f(e)=e'$,所以 $f(a)=f(e)$. 由于 f 是单射,故 $a=e$,从而 $\mathrm{Ker}(f) \subseteq \{e\}$. 又 $\mathrm{Ker}(f)$ 包含一个元素 e,有 $\mathrm{Ker}(f) \supseteq \{e\}$,故 $\mathrm{Ker}(f)=\{e\}$.

反之,假设 $\mathrm{Ker}(f)=\{e\}$ 对于 $a,b \in G$,设 $f(a)=f(b)$,两边同右乘 $f(b)$ 的逆元 $(f(b))^{-1} \in G'$,

$$f(a)(f(b))^{-1}=e',$$

于是,

$$f(ab^{-1})=f(a)f(b^{-1})=f(a)(f(b))^{-1}=e',$$

从而 $ab^{-1} \in \mathrm{Ker}(f)=\{e\}$. 所以 $ab^{-1}=e$,即 $a=b$. 故 f 是单同态. □

下面给出群论的另一个重要定理,它定性地反映了群 G 与群 G' 之间的关系.

定理 1.6.8(群的同态基本定理)　设 G,G' 为两个群(图 1-7),$f: G \to G'$ 是一个同态,则

$$\bar{f}: G/\mathrm{Ker}(f) \to G'$$
$$a\mathrm{Ker}(f) \mapsto f(a)$$

是一个单同态. 特别地,若 f 为满同态,则

$$G/\mathrm{Ker}(f) \cong G'.$$

又设 $\varphi: G \to G/\mathrm{Ker}(f)$ 为自然同态,则有 $f=\bar{f} \circ \varphi$.

证明　首先证明 $\bar{f}$ 定义的合理性,即与 $a\mathrm{Ker}(f)$ 中代表元选取无关. $\forall a_1, a_2 \in G$,

$$\begin{aligned} a_1\mathrm{Ker}(f)=a_2\mathrm{Ker}(f) &\Leftrightarrow \mathrm{Ker}(f)=a_1^{-1}a_2\mathrm{Ker}(f) \\ &\Leftrightarrow a_1^{-1}a_2 \in \mathrm{Ker}(f) \\ &\Leftrightarrow f(a_1^{-1}a_2)=e' \\ &\Leftrightarrow f(a_1)=f(a_2) \end{aligned}$$

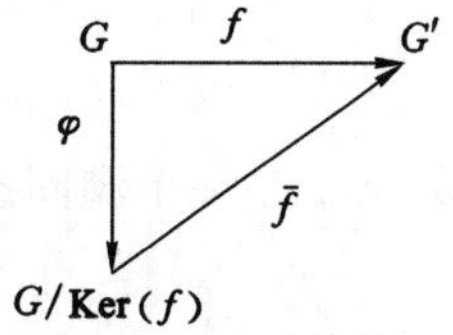

G　f　G'
φ　$\bar{f}$
G/Ker(f)

图 1-7

即

$$a_1\mathrm{Ker}(f)=a_2\mathrm{Ker}(f)\Leftrightarrow f(a_1)=f(a_2)$$

故 $\bar{f}$ 的定义是合理的.其次,证明 $\bar{f}$ 是群同态.因为

$$\begin{aligned}\bar{f}(a_1\mathrm{Ker}(f)a_2\mathrm{Ker}(f))&=\bar{f}(a_1a_2\mathrm{Ker}(f))\\&=f(a_1a_2)\\&=f(a_1)f(a_2)\\&=\bar{f}(a_1\mathrm{Ker}(f))\bar{f}(a_2\mathrm{Ker}(f))\end{aligned}$$

即

$$\bar{f}(a_1\mathrm{Ker}(f)a_2\mathrm{Ker}(f))=\bar{f}(a_1\mathrm{Ker}(f))\bar{f}(a_2\mathrm{Ker}(f))$$

所以 $\bar{f}$ 是群同态.再证明 $\bar{f}$ 是单射.

注意到,$\mathrm{Ker}(\bar{f})=\{\mathrm{Ker}(f)\}$,$\mathrm{Ker}(f)$ 为商群 $G/\mathrm{Ker}(f)$ 的单位元,故由命题 1.6.7,$\bar{f}$ 是单同态.

此外还有

$$\forall a\in G,\bar{f}\circ\varphi(a)=\bar{f}(\varphi(a))=\bar{f}(a\mathrm{Ker}(f))=f(a),\text{即 }\bar{f}\circ\varphi=f.$$

若 f 为满射,$\forall a'\in G'$,存在 $a\in G$,有 $f(a)=a'$,对 $a\mathrm{Ker}(f)\in G/\mathrm{Ker}(f)$,则有

$$\bar{f}(a\mathrm{Ker}(f))=f(a)=a',$$

所以 $\bar{f}$ 也是满射.综上可知 $\bar{f}$ 是一一对应,故有

$$G/\mathrm{Ker}(f)\cong G'.$$

□

令

$$\mathrm{Im}(f)=f(G)=\{f(a)\in G'\mid a\in G\},$$

称之为 f 的**象**.易证 $\mathrm{Im}(f)\leqslant G'$.

在定理 1.6.8 中,由于群 G 到群 $\mathrm{Im}(f)$ 是一个满同态,故有

$$G/\mathrm{Ker}(f)\cong\mathrm{Im}(f)=f(G).$$

下面定理告诉我们,在同构意义下,循环群只有两类:$\mathbb{Z}$ 和 $\mathbb{Z}_n$($n>1$ 为整数).

定理 1.6.9 设 G 为循环群,若 G 的阶为无限,即 $|G|=\infty$,则 $G\cong\mathbb{Z}$;若 G 的阶为 n,即 $|G|=n$,则 $G\cong\mathbb{Z}_n$.

证明 设 $G=\langle a\rangle$,令

$$f:(\mathbb{Z},+)\to(G,\cdot)$$
$$m\mapsto a^m$$

易见 f 是一个满同态,由定理 1.6.8,有

$$\mathbb{Z}/\mathrm{Ker}(f)\cong G.$$

若 $|G|=\infty$,则 $\forall m\in\mathbb{Z},m\neq0$,都有 $a^m\neq e$,故 $\mathrm{Ker}(f)=\langle 0\rangle$.而 $\mathbb{Z}/\langle 0\rangle=\mathbb{Z}$,从而由定理 1.6.8,有 $G\cong\mathbb{Z}$.

若$|G|=n$,则$|a|=n$,于是$a^m=e \Leftrightarrow n|m$,从而

$$m\in \mathrm{Ker}(f)\Leftrightarrow f(m)=e \Leftrightarrow a^m=e \xLeftrightarrow{\text{由}|a|=n} n|m \Leftrightarrow m\in <n>=n\mathbb{Z},$$

故$\mathrm{Ker}(f)=n\mathbb{Z}$.因而$\mathbb{Z}/\mathrm{Ker}(f)=\mathbb{Z}/n\mathbb{Z}=\mathbb{Z}_n$,由定理1.6.8,所以$G\cong\mathbb{Z}_n$.

□

例1.6.10 设映射 $f: \boldsymbol{GL}_n(\mathbb{R})\to\mathbb{R}^*$

$$\boldsymbol{A}\mapsto \det\boldsymbol{A},$$

则f是一般线性群$\boldsymbol{GL}_n(\mathbb{R})$到实数乘法群$\mathbb{R}^*$的满同态.

事实上,设$\boldsymbol{A},\boldsymbol{B}\in\boldsymbol{GL}_n(\mathbb{R})$,由于

$$f(\boldsymbol{AB})=\det\boldsymbol{AB}=(\det\boldsymbol{A})(\det\boldsymbol{B})=f(\boldsymbol{A})f(\boldsymbol{B}),$$

所以f是同态.又$x\in\mathbb{R}^*$,存在满足$\det\boldsymbol{A}=x$的可逆矩阵$\boldsymbol{A}$,所以f是满同态.由$\boldsymbol{A}\in\mathrm{Ker}(f)\Leftrightarrow f(\boldsymbol{A})=1\Leftrightarrow\det\boldsymbol{A}=1\Leftrightarrow\boldsymbol{A}\in\boldsymbol{SL}_n(\mathbb{R})$,故$\mathrm{Ker}(f)=\boldsymbol{SL}_n(\mathbb{R})$.由定理1.6.8,有

$$\boldsymbol{GL}_n(\mathbb{R})/\boldsymbol{SL}_n(\mathbb{R})\cong\mathbb{R}^*.$$

例1.6.11 已知$<\bar{4}>$是模12剩余类加群$\mathbb{Z}_{12}$的正规子群,证明

$$\mathbb{Z}_{12}/<\bar{4}>\cong\mathbb{Z}_4.$$

证明 设$H=<\bar{4}>$,$\mathbb{Z}_{12}/H=\{\bar{0}_{12}+H,\bar{1}_{12}+H,\bar{2}_{12}+H,\bar{3}_{12}+H\}$,作映射

$$f: \mathbb{Z}_{12}/H\to\mathbb{Z}_4=\{\bar{0}_4,\bar{1}_4,\bar{2}_4,\bar{3}_4\}$$

$$\bar{i}_{12}+H\mapsto\bar{i}_4 \quad (i=0,1,2,3,\bar{i}_{12}\in\mathbb{Z}_{12},\bar{i}_4\in\mathbb{Z}_4).$$

显然f是一一映射.对$\bar{a}_{12}+H,\bar{b}_{12}+H\in\mathbb{Z}_{12}/H$,有

$$\begin{aligned} f((\bar{a}_{12}+H)+(\bar{b}_{12}+H))&=f((\bar{a}_{12}+\bar{b}_{12})+H)=f((\overline{a+b})_{12}+H)\\ &=(\overline{a+b})_4\\ &=\bar{a}_4+\bar{b}_4\\ &=f(\bar{a}_{12}+H)+f(\bar{b}_{12}+H). \end{aligned}$$

故

$$\mathbb{Z}_{12}/<\bar{4}>\cong\mathbb{Z}_4.$$

(注:为了避免混淆$\mathbb{Z}_{12}$及$\mathbb{Z}_4$中的元素$\bar{i}$,现将$\mathbb{Z}_{12}$及$\mathbb{Z}_4$中的元素分别记作$\bar{i}_{12}$及$\bar{i}_4$.)

作为群同态基本定理的应用,我们有如下两个同构定理.

定理1.6.12 设G是一个群,$K\lhd G$,$H\leqslant G$,则

$$H/(H\cap K)\cong(HK)/K.$$

证明 首先证明$(H\cap K)\lhd H$,$HK\leqslant G$,$K\lhd HK$.由例1.5.15知,

$(H\cap K)\lhd H$. 由于 $K\lhd G$,由习题 1.5 中第 7 题知 $HK=KH$,再由命题 1.3.8,有 $HK\leqslant G$. 由 $K\lhd G$,而 $K\subseteq HK\subseteq G$,所以 $K\lhd HK$. 考虑商群$(HK)/K$. 令

$$f: H\to (HK)/K$$
$$h\mapsto hK,$$

则易验证 f 是一个群同态. 由于 $\forall aK\in(HK)/K$,存在 $h\in H, k\in K$,使得 $a=hk$,而 $aK=(hk)K=(hK)(kK)$,又 $kK=K$,故有 $aK=hK$,所以 $aK=f(h)$,于是 f 是满同态. 又

$$\mathrm{Ker}(f)=\{h\in H\,|\,hK=K\}=\{h\in H\,|\,h\in K\}=H\cap K,$$

则由定理 1.6.8,得 $H/(H\cap K)\cong(HK)/K$. □

定理 1.6.13 设 G 是一个群, $K\lhd G, H\lhd G$,且 $K\subseteq H$,则

$$(G/K)/(H/K)\cong G/H.$$

证明 因为 $K\lhd G, K\subseteq H$,所以 $K\lhd H$. 令

$$f: G/K\to G/H$$
$$aK\mapsto aH,$$

若 $aK=bK$,则 $a^{-1}b\in K$,而 $K\subseteq H$,所以 $a^{-1}b\in H$,即 $aH=bH$. 因而 f 的定义是合理的. 易见 f 是一个满同态,且 $\mathrm{Ker}(f)=H/K$,由定理 1.6.8 有

$$(G/K)/(H/K)\cong G/H.$$ □

例 1.6.14 设 S_3, S_4 分别为 3,4 元对称群,$K_4=\{(1),(12)(34),(13)(24),(14)(23)\}$为 Klein 四元群,证明 $S_4/K_4\cong S_3$.

证明 因为 $S_3\leqslant S_4$(把 S_3 中每个置换 σ 视为$\sigma(4)=4$),又 $K_4\lhd S_4$(见例 1.5.16),故

$$K_4\lhd S_3K_4\leqslant S_4 \tag{6-2}$$

(注:由习题 1.5 第 1 题(1)有 $K_4\lhd S_3K_4$,由习题 1.5 第 7 题有 $S_3K_4=K_4S_3$,又由习题 1.5 第 8 题(1),从而有 $S_3K_4=K_4S_3\leqslant S_4$.)

再由于 S_3 中每个置换把 4 变为 4,故 $S_3\cap K_4=\{(1)\}$,由题 1.5 第 9 题,从而

$$|S_3K_4|=\frac{|S_3||K_4|}{|S_3\cap K_4|}=\frac{6\cdot 4}{1}=24.$$

而$|S_4|=24$,故由式(6-2)知,$S_4=S_3K_4$,于是由定理 1.6.12 得

$$S_4/K_4=S_3K_4/K_4\cong S_3/(S_3\cap K_4)\cong S_3.$$

因此,$S_4/K_4\cong S_3$.

下面我们给出著名的 Cayley(凯莱)定理. 它揭示了任意群 G 都与一个变换群同构.

定理 1.6.15(凯莱(Cayley)定理) 任意群 G 都与自身(作为集合)上的一个变换群同构.

证明 设 G 是一个群，对 $\forall g\in G$ 定义集合 G 上的一个变换

$$\varphi_g: G \to G$$
$$x \mapsto gx \quad (\forall x\in G),$$

由于群 G 有消去律(易证 φ_g 是单射)，且对 $\forall x\in G$，有

$$\varphi_g(g^{-1}x)=g(g^{-1}x)=(gg^{-1})x=x \quad (\varphi_g \text{ 是满射}),$$

所以 φ_g 是 G 上的一个一一变换.

令 $G_g=\{\varphi_g \mid g\in G\}$，那么 G_g 关于变换的乘积构成一个群. 因为对 $\forall \varphi_{g_1},\varphi_{g_2}\in G_g$，$\forall x\in G$，有

$$(\varphi_{g_1}\varphi_{g_2})(x)=\varphi_{g_1}(\varphi_{g_2}(x))=\varphi_{g_1}(g_2x)=g_1(g_2x)=(g_1g_2)x=\varphi_{g_1g_2}(x),$$

所以 $\varphi_{g_1}\varphi_{g_2}=\varphi_{g_1g_2}\in G_g$，从而变换的乘积是 G_g 上的二元运算且适合结合律.

又 $\varphi_e\in G_g$，对 $\forall \varphi_g\in G_g$，有 $\varphi_e\varphi_g=\varphi_g\varphi_e=\varphi_g$，及对 $\forall \varphi_g\in G_g$，存在 $\varphi_{g^{-1}}\in G_g$，使得

$$\varphi_{g^{-1}}\varphi_g=\varphi_g\varphi_{g^{-1}}=\varphi_e,$$

所以 G_g 关于变换的乘积构成一个变换群.

再令映射

$$\psi: G \to G_g$$
$$g \mapsto \varphi_g \quad (\forall g\in G),$$

显然 ψ 是一个满射. 又因为若

$$\varphi_{g_1}=\varphi_{g_2},$$

则有

$$g_1=g_1e=\varphi_{g_1}(e)=\varphi_{g_2}(e)=g_2e=g_2,$$

故 ψ 是一个单射. 即 ψ 是一个双射. 又 $\forall g_1,g_2\in G$,

$$\psi(g_1g_2)=\varphi_{g_1g_2}=\varphi_{g_1}\varphi_{g_2}=\psi(g_1)\psi(g_2).$$

所以 ψ 是 G 到 G_g 的一个同构. 即群 G 与一个变换群同构. □

由于有限集上的变换群就是置换群，所以有如下结果.

推论 1.6.16 任意一个有限群都与一个置换群同构.

特别地，当 G 是 n 阶有限群，则 G 必与 n 次对称群 S_n 的一个子群同构.

本节最后部分介绍一下由任意两个群构造出的新群——直积.

定义 1.6.17 设 G_1,G_2 是群，在集合 $G_1\times G_2$ 中定义乘法

$$(a_1,b_1)(a_2,b_2)=(a_1a_2,b_1b_2) \quad (a_i\in G_1,b_i\in G_2,i=1,2)$$

则 $G_1\times G_2$ 关于该乘法构成一个群，称之为群 G_1 和 G_2 的**直积**，记为 $G_1\times G_2$.

显然该乘法运算是二元运算，而且适合结合律. (e_1,e_2) 是 $G_1\times G_2$ 的单位元(这里 e_1,e_2 分别为 G_1,G_2 的单位元)，对于元素 (a,b)，其逆元 $(a,b)^{-1}=(a^{-1},b^{-1})$. 因此 $G_1\times G_2$ 构成群. 如果令

$$\widetilde{G_1}=\{(a,e_2)\mid a\in G_1\},\quad \widetilde{G_2}=\{(e_1,b)\mid b\in G_2\},$$

则$\widetilde{G_1}$和$\widetilde{G_2}$均为 $G_1\times G_2$ 的正规子群. 因为对 $\forall (a_i,b_i)\in G_1\times G_2,(a,e_2)\in\widetilde{G_1}$,

$$\begin{aligned}(a_i,b_i)^{-1}(a,e_2)(a_i,b_i)&=(a_i^{-1}aa_i,b_i^{-1}e_2b_i)\\&=(a_i^{-1}aa_i,e_2)\in\widetilde{G_1},\end{aligned}$$

所以$\widetilde{G_1}\lhd G_1\times G_2$. 同理可证$\widetilde{G_2}\lhd G_1\times G_2$.

若作映射

$$f_1: G_1\to\widetilde{G_1}\quad 和\quad f_2: G_2\to\widetilde{G_2}$$
$$a\mapsto(a,e_2)\qquad\qquad b\mapsto(e_1,b),$$

易证 $G_1\cong\widetilde{G_1}$ 及 $G_2\cong\widetilde{G_2}$.

易见,$G_1\times G_2=\widetilde{G_1}\widetilde{G_2}=\widetilde{G_2}\widetilde{G_1}$ 且 $\widetilde{G_1}\cap\widetilde{G_2}=\{(e_1,e_2)\}$. 若 G_1,G_2 是有限群,则 $G_1\times G_2$ 也是有限群,并且 $|G_1\times G_2|=|G_1||G_2|$. 若 G_1,G_2 都是交换群,则 $G_1\times G_2$ 也是交换群,此时也称 G_1,G_2 的直积为**直和**,记为 $G_1\oplus G_2$.

类似地,可以定义任意有限多个群的直积.

习题 1.6

1. 设 G 是一个群,对 $\forall a\in G$,令映射 $f: G\to G(g\mapsto aga^{-1})$,证明:$f$ 是 G 的一个自同构(即 G 到 G 自身的同构). 并称之为群 G 的一个**内自同构**.

2. 已知 $<\bar{6}>=\{\bar{0},\bar{6},\overline{12},\overline{18}\}$ 是剩余类加群 $\mathbb{Z}_{24}$ 的子群,证明:$\mathbb{Z}_{24}/<\bar{6}>\cong\mathbb{Z}_6$.

3. 设 f 是群 G 到 G' 的一个同态,证明:

(1) 若 $H\leqslant G$,则 $f(H)\leqslant G'$;

(2) 若 $H'\leqslant G'$,则 $f^{-1}(H')\leqslant G$;

(3) 若 $H'\lhd G'$,则 $f^{-1}(H')\lhd G$.

4. 设 $f: G\to G'$ 是群的同态,$a\in G$,若 $f(a)=a'\in G'$,证明:

$$f^{-1}(a')=a\mathrm{Ker}(f).$$

5. 设 G 为群,H,K 为 G 的有限子群,在 $H\times K$ 上定义关系:

$$(h_1,k_1)\sim(h_2,k_2)\Leftrightarrow h_1k_1=h_2k_2\quad(h_i\in H,k_i\in K,i=1,2)$$

证明:这是一个等价关系,并用此等价关系得到的分拆来证明:

$$|HK|=\frac{|H||K|}{|H\cap K|}.$$

6. 设 G 为群,H,K 为 G 的子群,$K'\lhd K$,证明:

(1) $H\cap K'\lhd H\cap K$;

(2) $H\cap K/H\cap K'$与K/K'的一个子群同构.

7. 设G为群,证明:$f: G\to G(a\mapsto a^{-1})$是群$G$的自同构$\Leftrightarrow G$是交换群.

8. 已知$G=\{(a,b)\mid a,b\in\mathbb{R},a\neq 0\}$关于如下乘法

$$(a,b)(c,d)=(ac,ad+b)\quad((a,b),(c,d)\in G)$$

构成群(习题1.2第3题),$K=\{(1,b)\mid b\in\mathbb{R}\}$是$G$的正规子群(习题1.5第6题),证明:$G/K\cong\mathbb{R}^*$(其中$\mathbb{R}^*$是非零实数乘法群).

9. 设G为群,G_1,G_2为G的正规子群,假设$G=G_1G_2$且$G_1\cap G_2=\{e\}$(此时称G是G_1和G_2的**内直积**),证明:$G\cong G_1\times G_2$.

§1.7 群在集合上的作用

对于一个群的研究,我们已经从其自身出发进行了研究(如子群、陪集、正规子群、商群等),也从它与其他群的关系(如同态、同构)进行了研究.本节我们考虑群在集合上的作用的思想、方法对群进行研究.

定义 1.7.1 设G是一个群,S是一个非空集合,若映射

$$f: G\times S\to S$$

$$(g,s)\mapsto f(g,s)\ (\overset{\text{简记}}{=} g(s))$$

满足以下条件:

(1) $e(s)=s$ ($\forall s\in S$,e是G的单位元);

(2) $(g_1g_2)(s)=g_1(g_2(s))$ ($\forall g_1,g_2\in G,s\in S$),

则称f是群G在集合S上的一个**作用**.

注意,群G在集合S上作用这一概念可以理解为:将群G中每个元素都看成是S到其自身的一个映射(即变换),其中(1)是说将单位元e看成是S到其自身的恒等映射(即恒等变换);(2)是说将群中元素的乘法(即变换的乘积)看成是映射的合成.

下面给出群G在集合S上作用的几个例子.

例 1.7.2 设G是一个群,令$S=G$,定义映射

$$f: G\times G\to G$$

$$(g,a)\mapsto g(a)=ga\quad(g,a\in G),$$

显然f是群G在其自身的一个作用,称之为群G在集合G上的**左平移**.

例 1.7.3 设G是一个群,令$S=G$,定义映射

$$f: G\times G\to G$$

$$(g,a)\mapsto g(a)=gag^{-1}\quad(g,a\in G),$$

则它是群 G 在其自身(集合 G)上的一个作用,称之为**共轭作用**.

事实上,$e\in G, e(a)=eae^{-1}=a$,定义 1.7.1 中的(1)成立.对 $\forall g_1, g_2, a\in G$,有

$$\begin{aligned}(g_1g_2)(a)&=(g_1g_2)(a)(g_1g_2)^{-1}\\&=(g_1g_2)(a)(g_2^{-1}g_1^{-1})\\&=g_1(g_2ag_2^{-1})g_1^{-1}\\&=g_1(g_2(a))g_1^{-1}\\&=g_1(g_2(a)),\end{aligned}$$

定义 1.7.1 中的(2)成立.故 f 是群 G 在其自身上的作用.

例 1.7.4 设 G 是一个群,H 是 G 的子群,令 S 是 H 的所有左陪集构成的集合,即

$$S=\{aH\mid a\in G\}.$$

定义映射

$$\begin{aligned}&f: G\times S\to S\\&(g,aH)\mapsto g(aH)=(ga)H\quad (g\in G, aH\in S),\end{aligned}$$

则 f 是群 G 在集合 S 上的一个作用.

因为对于 $e\in G, e(aH)=(ea)H=aH$; 对 $\forall g_1, g_2\in G, aH\in S$,

$$(g_1g_2)(aH)=((g_1g_2)a)H=(g_1(g_2a))H=g_1((g_2a)H)=g_1(g_2(aH)),$$

所以 f 是群 G 在集合 S 上的一个作用.

若给定一个群作用 $f:G\times S\to S$,在 S 上定义一个二元关系"$\sim$":$a,b\in S$,

$$a\sim b \Leftrightarrow \text{存在 } g\in G, \text{使得 } g(a)=b,$$

则"$\sim$"是等价关系.因为 $\forall a,b,c\in S$,下列条件皆满足.

(1) 反身性　显然 $a\sim a$ (因为存在 $e\in G$,使得 $e(a)=a$).

(2) 对称性　若 $a\sim b$,即存在 $g\in G$,使得 $g(a)=b$.两边用 g^{-1} 作用,得 $g^{-1}(b)=a$,故 $b\sim a$.

(3) 传递性　若 $a\sim b, b\sim c$,即存在 $g,h\in G$,使得 $g(a)=b, h(b)=c$.于是,

$$(hg)(a)=h(g(a))=h(b)=c(\text{因为 } G \text{ 是群}, hg\in G),$$

故 $a\sim c$.

定义 1.7.5 设给定一个群 G 在集合 S 上的作用,由上述 S 上的等价关系决定了 S 的等价类,称每个等价类为一个 **G 轨道**(简称**轨道**).元素 $s(\in S)$所在的轨道记为 $\mathrm{Orb}(s)$,即

$$\mathrm{Orb}(s)=\{g(s)\in S\mid g\in G\}.$$

轨道中的元素个数称为**轨道长**,记为 $|\mathrm{Orb}(s)|$.若 $|\mathrm{Orb}(s)|=1$,则称 s 为 G 的**不动点**.

由上面定义知,

$$S=\bigcup_{s\in I}\mathrm{Orb}(s).$$

其中 I 为不同轨道代表元组成的集合. 当 S 为有限集合时,有

$$S=\bigcup_{i=1}^{t}\mathrm{Orb}(s_i),$$

$$|S|=\sum_{i=1}^{t}|\mathrm{Orb}(s_i)|,$$

其中 $\mathrm{Orb}(s_i)(i=1,2,\cdots,t)$ 是 S 的所有不同的轨道.

注意,同轨道的两个元素可通过某个 $g\in G$ 的作用将其一个元素变为另一个元素,而不同轨道的两个元素则不可以.

为了计算轨道 $\mathrm{Orb}(s)$ 的长,即 $|\mathrm{Orb}(s)|$,我们有下面的命题.

命题 1.7.6 设群 G 作用在集合 S 上,$s\in S$. 令

$$\mathrm{Stab}(s)=\{g\in G\,|\,g(s)=s\},$$

则

(1) $\mathrm{Stab}(s)$ 是 G 的子群,称之为 s 的**稳定子群**(或**稳定化子**);

(2) 若 S 为有限集合,则

$$|\mathrm{Orb}(s)|=[G:\mathrm{Stab}(s)];$$

(3) 若 G 为有限群,S 为有限集合,则 $|\mathrm{Orb}(s)|\,\big|\,|G|$.

证明 (1) 因为 $e\in\mathrm{Stab}(s)$,故 $\mathrm{Stab}(s)\neq\varnothing$. 对 $\forall g_1,g_2\in\mathrm{Stab}(s)$,有 $g_1(s)=s,g_2(s)=s$,故 $g_2^{-1}(s)=s$. 而 $(g_1g_2^{-1})(s)=g_1(g_2^{-1}(s))=g_1(s)=s$,即 $g_1g_2^{-1}\in\mathrm{Stab}(s)$,由命题 1.3.3(2),故 $\mathrm{Stab}(s)\leqslant G$.

(2) 作映射

$$f:\mathrm{Stab}(s)\text{的左陪集的集合}\to\mathrm{Orb}(s)$$
$$g\mathrm{Stab}(s)\mapsto g(s),$$

只要证明 f 是一一对应即可.

对 $\forall g_1,g_2\in G$,

$$\begin{aligned}g_1\mathrm{Stab}(s)=g_2\mathrm{Stab}(s)&\Leftrightarrow g_1^{-1}g_2\in\mathrm{Stab}(s)\\&\Leftrightarrow g_1^{-1}g_2(s)=s\\&\Leftrightarrow g_1(s)=g_2(s).\end{aligned}$$

故 f 是一个定义合理的映射且是单射. 由 $\mathrm{Orb}(s)$ 定义知 f 是满射. 所以 f 是一一对应,从而有 $|\mathrm{Orb}(s)|=[G:\mathrm{Stab}(s)]$.

(3) 由拉格朗日定理 $[G:\mathrm{Stab}(s)]\,\big|\,|G|$,再由(2),$|\mathrm{Orb}(s)|=[G:\mathrm{Stab}(s)]$,故有 $|\mathrm{Orb}(s)|\,\big|\,|G|$. □

推论 1.7.7 设群 G 作用在有限集合 S 上,则

$$|S|=\sum_{i=1}^{t}|\mathrm{Orb}(s_i)|=\sum_{i=1}^{t}[G:\mathrm{Stab}(s_i)].\tag{1-7-1}$$

其中 $s_1,s_2,\cdots,s_t$ 是 S 的所有不同轨道的代表元.

定义 1.7.8 设 G 是一个群,对于 $a,b\in G$,若存在 $g\in G$,使得 $b=gag^{-1}$,则称 a 与 b **共轭**. 并称 G 中所有与 a 共轭的元素组成的集合为 a 的**共轭类**. 记为$[a]$.

$$[a]=\{x\in G\mid g\in G,x=gag^{-1}\}.$$

对于群 G 的两个子群 A,B,若存在 $g\in G$,使得 $B=gAg^{-1}$,则称 **A 与 B 共轭**.

现在考虑群 G 在其自身上的共轭作用. 这时由式(1-7-1)就得到了下面的类方程.

引理 1.7.9(类方程) 设 G 是有限群,C 是 G 的中心,则

$$|G|=|C|+\sum_{j=1}^{m}[G:\mathrm{Stab}(a_j)]. \tag{1-7-2}$$

证明 作映射

$$f: G\times G\to G$$
$$(g,a)\mapsto g(a)=gag^{-1}\quad (g,a\in G),$$

由例 1.7.3 知,f 是一个群(共轭)作用. $a\in G$ 所在的轨道为 $\mathrm{Orb}(a)=\{g(a)\mid g\in G\}=\{gag^{-1}\mid g\in G\}$,即为 a 所在的共轭类. 设 $\mathrm{Orb}(a_1),\mathrm{Orb}(a_2),\cdots,\mathrm{Orb}(a_t)$为 G 的全部不同的共轭类,那么

$$|G|=\sum_{i=1}^{t}|\mathrm{Orb}(a_i)| \tag{1-7-3}$$

由于

$$a\in C\Leftrightarrow ga=ag(\forall g\in G)\Leftrightarrow \mathrm{Orb}(a)=\{a\}\Leftrightarrow|\mathrm{Orb}(a)|=1,$$

于是由命题 1.7.6(2),式(1-7-3)改写为

$$|G|=|C|+\sum_{j=1}^{m}|\mathrm{Orb}(a_j)|=|C|+\sum_{j=1}^{m}[G:\mathrm{Stab}(a_j)]. \qquad \square$$

其中 $a_j\notin C$,即$|\mathrm{Orb}(a_j)|>1(j=1,2,\cdots,m)$,式(1-7-2)称为**类方程**.

例 1.7.10 设 $\boldsymbol{G}=\boldsymbol{GL}_n(F)$为数域 F 上的 n 阶一般线性群,S 为 F 上全体 n 阶方阵作成的集合,作映射

$$f: G\times S\to S$$
$$(\boldsymbol{P},\boldsymbol{A})\mapsto \boldsymbol{P}(\boldsymbol{A})=\boldsymbol{PAP}^{-1}\quad (\forall \boldsymbol{P}\in G,\boldsymbol{A}\in S),$$

则易知 f 是群 G 在集合 S 上的一个作用(习题 1.7 中第 4 题),并且此时轨道 $\mathrm{Orb}(\boldsymbol{A})$就是方阵 $\boldsymbol{A}$ 所在的相似类,即

$$\mathrm{Orb}(\boldsymbol{A})=\{\boldsymbol{PAP}^{-1}\mid \boldsymbol{P}\in G\},$$

而稳定子群

$$\mathrm{Stab}(\boldsymbol{A})=\{\boldsymbol{P}\mid \boldsymbol{P}\in G,\boldsymbol{PAP}^{-1}=\boldsymbol{A}\}=\{\boldsymbol{P}\mid \boldsymbol{P}\in G,\boldsymbol{PA}=\boldsymbol{AP}\},$$

即Stab($\boldsymbol{A}$)为数域F上一切可与$\boldsymbol{A}$交换的n阶满秩方阵(关于矩阵乘法)作成的子群.

例 1.7.11 设G是4次对称群S_4的一个子群,考虑G在集合$S=\{1,2,3,4\}$上的自然作用(即$G\times S\to S,(g,s)\mapsto g(s)=gs,\forall g\in G,s\in S$).当$G$分别是以下三种情形时,写出$G$作用的轨道,并找出$S$中每个元素的稳定化子.

(1) $<(123)>$;

(2) $<(1234)>$;

(3) $\{(1),(12)(34),(13)(24),(14)(23)\}$.

解 (1) $G=<(123)>=\{(1),(123),(132)\}$,因为

$$(1)\cdot 1=1,\ (123)\cdot 1=2,\ (132)\cdot 1=3,$$

所以$\{1,2,3\}$成一个轨道,进而$\{4\}$自成一个轨道.

$$\mathrm{Stab}(1)=\mathrm{Stab}(2)=\mathrm{Stab}(3)=\{(1)\},\mathrm{Stab}(4)=G.$$

(2) $G=<(1234)>=\{(1),(1234),(13)(24),(1432)\}$,因为

$$(1)\cdot 1=1,\ (1234)\cdot 1=2,\ (13)(24)\cdot 1=3,\ (1432)\cdot 1=4,$$

所以$\{1,2,3,4\}$成一个轨道.因为$<(1234)>$是4阶群,所以由命题1.7.6(2)知S中每个元素的稳定化子都是平凡子群$\{(1)\}$.

(3) $G=\{(1),(12)(34),(13)(24),(14)(23)\}$,因为

$$(1)\cdot 1=1,\ (12)(34)\cdot 1=2,\ (13)(24)\cdot 1=3,\ (14)(23)\cdot 1=4,$$

所以$\{1,2,3,4\}$成一个轨道.因为$G=\{(1),(12)(34),(13)(24),(14)(23)\}$是4阶群,所以由命题1.7.6(2)知$S$中每个元素的稳定化子都是平凡子群$\{(1)\}$.

命题 1.7.12 群G在非空集合S上的作用给出了一个从群G到变换群$T(S)$的同态映射.反之,给定群G到变换群$T(S)$的一个同态映射,则确定了群G在非空集合S上的一个作用.

证明 设映射

$$f: G\times S\to S$$
$$(g,a)\mapsto g(a)\quad(\forall g\in G,a\in S)$$

为群G在集合S上的一个作用,对$g\in G$,定义映射

$$\varphi_g: S\to S$$
$$a\mapsto g(a)\ (\forall a\in S),$$

显然φ_g是S的一个变换.对$\forall a\in S,g\in G$,因为$g^{-1}\in G$,所以$g^{-1}(a)\in S$.于是

$$\varphi_g(g^{-1}(a))=g(g^{-1}(a))=(gg^{-1})(a)=e(a)=a,$$

即φ_g是满射.

若$\varphi_g(a)=\varphi_g(b)$,即$g(a)=g(b)$,则

$$a=(g^{-1}g)(a)=g^{-1}(g(a))=g^{-1}(g(b))=(g^{-1}g)(b)=b,$$

即 φ_g 是单射. 从而 $\varphi_g \in T(S)$. 再作映射

$$\psi: G \to T(S)$$
$$g \mapsto \varphi_g \quad (\forall g \in G),$$

由于 $\forall a \in S, \forall g_1, g_2 \in G$,

$$\varphi_{g_1g_2}(a)=(g_1g_2)(a)=g_1(g_2(a))=\varphi_{g_1}(\varphi_{g_2}(a))=\varphi_{g_1}\varphi_{g_2}(a),$$

所以 $\varphi_{g_1g_2}=\varphi_{g_1}\varphi_{g_2}$,即 $\psi(g_1g_2)=\psi(g_1)\psi(g_2)$,从而 ψ 是群 G 到变换群 $T(S)$的一个同态映射.

反之,设 ψ 是群 G 到变换群 $T(S)$的一个同态映射,由于同态映射保持单位元,即 $\psi(e)=1_S$. 作映射

$$f: G \times S \to S$$
$$(g,a) \mapsto g(a)=\psi(g)(a) \quad (\forall g \in G, a \in S),$$

对 $\forall a \in S$,有

$$e(a)=\psi(e)(a)=1_S(a)=a.$$

对 $\forall g_1, g_2 \in G, a \in S$ 有

$$\begin{aligned} g_1(g_2(a)) &= \psi(g_1)(\psi(g_2)(a))=(\psi(g_1)\psi(g_2))(a) \\ &= \psi(g_1g_2)(a)=(g_1g_2)(a). \end{aligned}$$

这证明了 f 是群 G 在集合 S 上的一个作用. □

上面命题说明群 G 在集合 S 上的作用与群 G 到变换群 $T(S)$的同态映射本质上是一回事.

定义 1.7.13 设 G 是有限群,若 $|G|=p^k$,p 为素数,$k>0$,则称 G 为一个 ***p*-群**.

定义 1.7.14 设 G 是 p-群,证明 G 的中心 C 一定非平凡.

证明 设 $|G|=p^k$(p 为素数,$k \geqslant 1$),由引理 1.7.9(类方程)

$$|G|=|C|+\sum_{j=1}^{m}[G:\mathrm{Stab}(a_j)],$$

其中 $a_j \notin C(j=1,2,\cdots,m)$. 因为每个 $\mathrm{Stab}(a_j)$均为 G 的真子群,故 $p \mid [G:\mathrm{Stab}(a_j)]$,所以 $p \mid |C|$,从而 C 非平凡.

习题 1.7

1. 设群 G 作用在集合 S 上,对 $g \in G, a, b \in S$ 满足 $g(a)=b$,证明:$\mathrm{Stab}(a)$ 与 $\mathrm{Stab}(b)$共轭,即 $\mathrm{Stab}(b)=g\mathrm{Stab}(a)g^{-1}$.

2. 设 G 是一个群,H 是 G 的子群. 令 S 是 H 的所有左陪集构成的集合,即

$S=\{aH \mid a\in G\}$. 定义映射

$$f: G\times S\to S$$
$$(g,aH)\mapsto g(aH)=g(aH)g^{-1} \quad (g\in G, aH\in S),$$

证明：f 是群 G 在集合 S 上的一个作用.

3. 设 $S_3=\{(1),(12),(13),(23),(123),(132)\}$，写出其共轭类，从而验证类方程.

4. 设 $G=\boldsymbol{GL}_n(F)$ 为数域 F 上的 n 阶一般线性群，S 为 F 上全体 n 阶方阵作成的集合，作映射

$$f: G\times S\to S$$
$$(\boldsymbol{P},\boldsymbol{A})\mapsto \boldsymbol{P}(\boldsymbol{A})=\boldsymbol{PAP}^{-1} \quad (\forall \boldsymbol{P}\in G, \boldsymbol{A}\in S),$$

证明：f 是群 G 在集合 S 上的一个作用.

5. 令 $G=\{(1),(12),(34),(12)(34),(1324),(1423)\}\subseteq S_4$，证明：$G$ 是 S_4 的子群. 考虑 G 在 $S=\{1,2,3,4\}$ 上的自然作用，求 S 中每个元素的稳定子群.

6. 设群 G 在集合 S 上作用，对 $s_1,s_2\in S$，证明：$\mathrm{Orb}(s_1)\cap\mathrm{Orb}(s_2)=\varnothing$ 或者 $\mathrm{Orb}(s_1)=\mathrm{Orb}(s_2)$.

§1.8 西洛(Sylow)定理

由拉格朗日定理知，有限群 G 的子群的阶是 $|G|$ 的因子. 作为拉格朗日定理的逆问题，自然要问对于有限群 G，若 $d\mid |G|$（d 是正整数），那么群 G 是否一定存在 d 阶的子群？回答一般是否定的. 但是，如果考虑特殊的群，比如，有限循环群，有限交换群或对有限群 G 的阶的因子 d 作适当限制，回答是肯定的. 本节要讲的著名的西洛(Sylow)定理是群论中一个很重要的定理，它定性地反映了有限群的结构.

引理 1.8.1 设 G 是有限交换群，若 $p\mid |G|$，p 为素数，则 G 中存在 p 阶子群，从而也有阶为 p 的元素.

证明 设 $|G|=pm$，对 m 用数学归纳法.

若 $m=1$，则 $|G|=p$，因而 G 是循环群，于是 $G=\langle a\rangle$，故 $|a|=p$，结论成立.

下面设若 $m>1$ 且结论对小于 m 的正整数都成立. 取 $e\neq a\in G$，令 $H=\langle a\rangle$，若 $p\mid |H|$，由命题 1.4.7 H 中有 p 阶子群，从而 G 中有 p 阶子群，亦即 G 中有阶为 p 的元素，结论成立. 若 $p\nmid |H|$，考虑商群 G/H（注意：交换群的子群都是正规子群），

$$|G/H|=\frac{|G|}{|H|}=\frac{pm}{|H|}=pm' \quad (1\leqslant m'<m).$$

由归纳假设得 G/H 中存在阶为 p 的元素 bH，$H=(bH)^p=b^pH$. 故 $b^p\in H=<a>$. 设 $|<a>|=s$，则 $(b^s)^p=(b^p)^s=e$，故有 $|b^s|\,|\,p$. 但是 $|b^s|\neq 1$（否则 $|b^s|=1$ 意味着 $b^s=e$. 由于 p,s 互素（由假设 $p\nmid |H|$），故存在整数 q,r，使 $pq+rs=1$，从而 $b=b^{pq+rs}=(b^p)^q(b^s)^r=(b^p)^q\in H$（注意：$b^s=e,b^p\in H$），即 $b\in H$. 但 bH 是 G/H 的 p 阶元，$b\notin H$），因此 $|b^s|=p$，从而 G 中存在 p 阶子群. □

命题 1.8.2 设 G 是有限交换群，$m\geqslant 1$ 是整数，若 $m\,|\,|G|$，则 G 中存在阶为 m 的子群 H，即 $|H|=m$.

证明 对 m 用数学归纳法. 若 $m=1$，取 $H=<e>$ 即可. 下面设 $m>1$ 且结论对小于 m 的正整数都成立. 任取素数 p，使 $p|m$，则由引理 1.8.1 知，G 中存在阶为 p 的元素. 设 $a\in G$ 是一个阶为 p 的元素，考虑商群 $G/<a>$，则

$$|G/<a>|=\frac{|G|}{|<a>|}=\frac{|G|}{p}.$$

由于 $\frac{m}{p}\,|\,|G/<a>|$ 且 $\frac{m}{p}<m$，对 $G/<a>$ 用归纳假设得存在 $G/<a>$ 的子群 $\bar{H}$，使得 $|\bar{H}|=\frac{m}{p}$，根据习题 1.5 中第 10 题(2)知，存在 G 的子群 H 使 $H\supseteq<a>$ 且 $\bar{H}=H/<a>$. 由于

$$|H|=|H/<a>|\,|<a>|=\frac{m}{p}p=m,$$

所以 H 是 G 的子群，$|H|=m$. □

定理 1.8.3(Sylow 第一定理) 设 G 是有限群，其阶为 $n=p^rm$，p 为素数，$r\geqslant 1$，$(p,m)=1$，则 G 中存在 p^r 阶子群.

证明 对 n 作归纳法. 当 $n=2$，结论显然成立. 下面设 $n>2$，假设结论对所有阶小于 n 的群均成立. 现在证明对 n 阶群 G 结论也成立.

我们从阶小的商群考虑，为此找 G 的一个正规子群. 我们知道 G 的中心 C 是 G 的正规子群.

若 $p\,|\,|C|$，由于 C 是交换群，由引理 1.8.1 知，C 有 p 阶子群 N. 作商群 G/N（注意：C 的子群 N 也是 G 的正规子群），而

$$|G/N|=\frac{|G|}{|N|}=\frac{p^rm}{p}=p^{r-1}m<n,$$

由归纳假设知 G/N 中存在 p^{r-1} 阶子群. 由习题 1.5 中第 10 题(2)知，G/N 中的 p^{r-1} 阶子群形如 K/N（其中 $K\leqslant G,K\supseteq N$），故

$$|K|=|N|\,|K/N|=pp^{r-1}=p^r.$$

这说明 K 是 G 的一个阶为 p^r 的子群,结论成立.

若 $p\nmid|C|$,由引理 1.7.9(类方程)

$$\begin{aligned}|G|&=|C|+\sum_{j=1}^{m}[G:\mathrm{Stab}(a_j)]\\&=|C|+[G:\mathrm{Stab}(a_1)]+[G:\mathrm{Stab}(a_2)]+\cdots+[G:\mathrm{Stab}(a_m)]\end{aligned}$$

其中 $a_j\notin C\ (j=1,2,\cdots,m)$. 由于 $p\nmid|C|$,那么 p 也不整除某个$[G:\mathrm{Stab}(a_j)]$. 由 $n=|\mathrm{Stab}(a_j)|[G:\mathrm{Stab}(a_j)]$知,$p^r\mid|\mathrm{Stab}(a_j)|$,而$|\mathrm{Stab}(a_j)|<n$,由归纳假设得子群 $\mathrm{Stab}(a_j)$有 p^r 阶子群. 故群 G 有 p^r 阶子群. □

定义 1.8.4 设 G 是一个有限群,$|G|=p^rm$,p 为素数,$r\geqslant1$,$(p,m)=1$,称 G 的 p^r 阶子群为 G 的 **Sylow p-子群**.

Sylow 第一定理说明了 Sylow p-子群的存在性. 一般地,Sylow p-子群不止一个,那么这样的子群有多少个? 彼此间又有怎样的关系? 下面的 Sylow 第二定理和 Sylow 第三定理回答了这些问题.

定理 1.8.5(Sylow 第二定理) 设 G 是有限群,$|G|=p^rm$,p 为素数, $r\geqslant1$,$(p,m)=1$,若 H 是 G 的 p-子群(即 $H\leqslant G$ 且$|H|=p^t$,$1\leqslant t\leqslant r$),P 是 G 的一个 Sylow$p$-子群,则

(1) 存在 $g\in G$,使得 $H\subseteq gPg^{-1}$;

(2) G 的任意两个 Sylow$p$-子群彼此共轭.

证明 (1) 设 $S=\{gP|g\in G\}$,由$|P|=p^r$,则$|S|=m$. 作映射

$$f:H\times S\to S$$
$$(h,gP)\mapsto h(gP)=(hg)P\quad(h\in H,gP\in S,g\in G),$$

易证 f 是群 H 在集合 S 上的作用. 由命题 1.7.6(3),有

$$|\mathrm{Orb}(gP)|\mid|H|,\text{即}|\mathrm{Orb}(gP)|\mid p^t,$$

所以,$|\mathrm{Orb}(gP)|=1$ 或 $p^l(1\leqslant l\leqslant t)$. 又 $|S|=\sum|\mathrm{Orb}(gP)|$,而$|S|=m$ 不是 p 的倍数,故至少有某一个陪集 gP,使得$|\mathrm{Orb}(gP)|=1$. 这等价于 $hgP=gP$ $(\forall h\in H)$,即 $g^{-1}hg\in P$,亦即 $h\in gPg^{-1}$,故 $H\subseteq gPg^{-1}$.

(2) 设 P_1,P_2 均为 G 的 Sylow p-子群,由(1)知,存在 $g\in G$,使得 $P_1\subseteq gP_2g^{-1}$. 由于$|P_1|=|gP_2g^{-1}|$,故 $P_1=gP_2g^{-1}$. □

该定理(1)说明了 G 的 p-子群一定含于 G 的 Sylow p-子群 P 的某个共轭子群中.

推论 1.8.6 有限群 G 若只有一个 Sylow p-子群,则该子群必为正规子群.

证明 设 P 是 G 的唯一的 Sylow p-子群,对 $\forall g\in G$,由于 gPg^{-1} 也是 G 的 Sylow p-子群,故 $gPg^{-1}=P$,所以 P 是正规子群. □

例 1.8.7 写出 3 次对称群 S_3 的所有 Sylow p-子群.

由于$|S_3|=3!=6=2\cdot 3$,S_3 的 Sylow 2-子群有 3 个,即

$$H_1=\{(1),(12)\},\ H_2=\{(1),(13)\},\ H_3=\{(1),(23)\},$$

它们是 S_3 的一个共轭子群类.

S_3 的 Sylow 3-子群只有一个,即 $H_4=\{(1),(123),(132)\}$. 它是 S_3 的一个正规子群.(之前已知,这里 $H_4=A_3$)

定理 1.8.8(Sylow 第三定理) 设 G 是有限群,$|G|=p^r m$,p 为素数,$r\geqslant 1$,$(p,m)=1$,记 k 为 G 的 Sylow p-子群的个数,则(1) $k\equiv 1(\mathrm{mod}\ p)$;(2) $k|m$.

证明 (1) 设 S 为 G 的所有 Sylow p-子群组成的集合,即

$$S=\{P_1,P_2,\cdots,P_k\}.$$

令 H 为 G 的子群,作映射

$$f: H\times S\to S$$

$$(h,P_i)\mapsto h(P_i)=hP_ih^{-1}\quad (h\in H,P_i\in S),$$

显然这是 H 在 S 上的共轭作用. hP_ih^{-1} 与 P_i 是同构的群,显然又是 G 的Sylow p-子群.

下面在此作用下,用 H 轨道分割 S 来证明本定理.

取 P_1 作为 H,即 $H=P_1$. 对 $h\in P_1$,有 $hP_1h^{-1}=P_1$. $P_1(\in S)$是不动点. 其轨道 $\mathrm{Orb}(P_1)=\{P_1\}$,即$|\mathrm{Orb}(P_1)|=1$. 现在说明当 $i\neq 1$ 时,P_i 为非不动点.

设

$$hP_ih^{-1}=P_i\quad (\forall h\in P_1),$$

于是

$$P_1P_i=P_iP_1,$$

由命题 1.3.8 知,

$$P_1P_i\leqslant G.$$

又由习题 1.5 的第 9 题知,

$$|P_1P_i|=|P_1||P_i|/|P_1\cap P_i|.$$

$|P_1P_i|$是$|P_1||P_i|$的因子. 故是 p 的幂. 又 P_1,P_i 均为 G 的 Sylow$p$-子群且均于 P_1P_i 中,故

$$P_1=P_1P_i=P_i$$

矛盾!

因而 P_i 为非不动点. S 的 P_1 轨道的分解

$$S=\{P_1\}\cup S_2\cup\cdots\cup S_s\quad (\text{其中 } S_i=\mathrm{Orb}(P_i),i=2,3,\cdots,s),$$

对 $i\geqslant 2$,$|S_i|>1$. 又$|S_i|(i\geqslant 2)$是$|P_1|$的因子,所以是 p 的幂. 故 $k\equiv 1(\mathrm{mod}\ p)$.

(2) 现在证明 $k|m$.

令 S 为 G 的所有 Sylow p-子群组成的集合. 作映射

$$\varphi: G\times S\to S$$
$$(g,P_i)\mapsto g(P_i)=gP_ig^{-1}(g\in G,P_i\in S),$$

即 φ 是 G 在 S 上的共轭作用. 由定理 1.8.5(2)知,S 构成一条轨道. 由命题 1.7.6(3)知,$|S|\mid|G|$(这里 $|S|=k$,$|G|=p^rm$),即 $k\mid p^rm$. 由(1)已证 $k\equiv1(\bmod p)$,所以$(k,p)=1$,从而$(k,p^r)=1$,故 $k\mid m$. □

例 1.8.9 任意 200 阶群都不是单群.

设 G 是任意一个 200 阶群,由于$|G|=200=2^3\cdot5^2$,故 G 有 5^2 阶子群,即 G 的 Sylow 5-子群. 设 G 共有 k 个 Sylow 5-子群,由 Sylow 第三定理知

$$k\mid2^3 \text{ 且 } k\equiv1(\bmod 5),$$

也即 $$k=5t+1 \text{ 且 } 5t+1\mid8 \ (t\text{ 是非负整数})$$

易知只能 $t=0$,即 $k=1$. 所以 G 的 Sylow 5-子群只有一个,它是 G 的正规子群. 故 G 不是单群.

例 1.8.10 证明 56 阶群 G 不是单群.

由于$|G|=56=2^3\times7$,因此 G 中有 7 阶 Sylow 7-子群和 8 阶 Sylow 2-子群. 设 k 为 G 中所含 Sylow 7-子群的个数,由 Sylow 第三定理知,

$$k\mid2^3 \text{ 且 } k\equiv1(\bmod 7),$$

也即 $k=7t+1$ 且 $7t+1\mid8$ (t 是非负整数),故 $t=0$ 或 1. 即 $k=1$ 或 8.

当 $k=1$ 时,G 只有一个 7 阶 Sylow 7-子群,从而必为正规子群. 故 G 不是单群.

当 $k=8$ 时,G 有 8 个不同的 7 阶 Sylow 7-子群. 其中任意两个的交只有 1_G(即单位元),故 G 有 $6\times8=48$ 个 7 阶元,$56-48=8$,而 G 含有 Sylow 2-子群,其阶为 $2^3=8$,因此剩下的 8 个元构成 G 的唯一的一个 Sylow 2-子群,故 G 有一个正规的 Sylow 2-子群. 从而 G 不是单群.

例 1.8.11 试求 S_4 的 Sylow 3-子群.

因为$|S_4|=4!=24=2^3\cdot3$,由 Sylow 第一定理知,S_4 有 3 阶的 Sylow 3-子群. 设其个数为 k,由 Sylow 第三定理知,

$$k=3t+1 \text{ 且 } 3t+1\mid8 \quad (t\text{ 是非负整数})$$

从而 $k=1$ 或 4. 因 S_4 至少有 4 个 Sylow 3-子群(即 3-轮换生成的子群),故 $k=4$. 它们分别为:

$$\langle(123)\rangle=\{(1),(123),(132)\},\quad \langle(134)\rangle=\{(1),(134),(143)\},$$
$$\langle(124)\rangle=\{(1),(124),(142)\},\quad \langle(234)\rangle=\{(1),(234),(243)\}.$$

例 1.8.12 设 G 为有限群,$|G|=33$,则 G 是循环群.

因为$|G|=33=3\times11$,由 Sylow 第一定理知,G 中有 3 阶 Sylow 3-子群和 11 阶 Sylow 11-子群. 设 k 为 Sylow 3-子群的个数,由 Sylow 第三定理知,

$$k=3t+1 \text{ 且 } 3t+1|11 \quad (t\text{ 是非负整数}),$$

故 $k=1$. 因此 G 中只有一个 3 阶 Sylow 3-子群,记它为 H,H 是正规子群.

同理可知,G 中只有一个 11 阶 Sylow 11-子群,记它为 K,同样 K 也是正规子群.

由于 H 和 K 的阶均为素数,所以 H 和 K 均为循环群(推论 1.5.10). 记 $H=\langle a\rangle$,$K=\langle b\rangle$,易知 $H\cap K=\{e\}$,从而 $aba^{-1}b^{-1}\in H\cap K$,即 $ab=ba$. 又 $(3,11)=1$,由命题 1.4.8 知,$|ab|=3\times 11=33$. 而 G 有一个 33 阶元. 所以 $G=\langle ab\rangle$是循环群.

习题 1.8

1. 证明:63 阶群不是单群.
2. 证明:35 阶群是循环群.
3. 写出 S_4 的所有 Sylow2-子群.
4. 用 Sylow 第三定理重新考虑例 1.8.7.
5. 证明:12 阶群至少有一个 Sylow$p$-子群是正规的.
6. 设 p,q 是不同的素数,证明:p^2q 阶群必含有 p^2 阶正规子群或 q 阶正规子群.
7. 证明:非交换的 6 阶群同构于 3 元对称群 S_3.

第2章 环 论

环是在群的基础上又多了一个二元运算且满足一定条件的代数结构. 因此它有与群不同的性质. 本节我们用类似讨论群的方法讨论环,并将介绍几种特殊的环.

§2.1 环的概念

环是具有两个二元运算且满足一定条件的代数结构. 当考虑非空集合 R 上的两个二元运算时,为了区别它们,我们习惯上称其中的一个为加法"+",另一个为乘法"·".

定义 2.1.1 设 R 为一个非空集合,在 R 上定义两个二元运算加法"+"和乘法"·"且满足下列条件:

(1) $(R,+)$是一个交换群;

(2) $(R,\cdot)$是一个**半群**,即对 $\forall a,b,c\in R$,乘法满足结合律

$$a\cdot(b\cdot c)=(a\cdot b)\cdot c;$$

(3) 对 $\forall a,b,c\in R$,乘法对加法满足分配律

$$a\cdot(b+c)=a\cdot b+a\cdot c,\quad (b+c)\cdot a=b\cdot a+c\cdot a,$$

则称 R 为一个**环**,记为$(R,+,\cdot)$(简记环 R). 乘法 $a\cdot b$ 简记为 ab.

如果环 R 关于乘法还满足交换律,即

(4) 对 $\forall a,b\in R$,有 $a\cdot b=b\cdot a$,则称 R 为**交换环**.

如果环 R 关于乘法有**单位元**(又称**幺元**)$1_R(\in R)$,即

(5) 存在 $1_R\in R$,对 $\forall a\in R$,有 $a\cdot 1_R=1_R\cdot a=a$,则称 R 为**含幺环**(单位元 1_R 简记为 1).

由定义易见原本条件(1),(2)是两个彼此孤立的代数结构,正是通过条件(3)将两个运算"+"和"·"用分配律连接起来,从而形成了新的代数结构——环. 在环中所说的交换环是指在乘法"·"意义上的交换,单位元也是乘法意义上

的单位元.为了区别加法“+”意义的单位元($e=0$),我们称后者为**零元**.

与群类同,对环 R 的元素的运算记法做如下约定:n 是正整数,$\forall a\in R$,记 na 为 n 个 a 相加(而不是 n 乘以 a);记 a^n 为 n 个 a 相乘.

由环的定义可得如下基本性质.

命题 2.1.2 设 R 是一个环,则

(1) $0a=a0=0 \quad (\forall a\in R)$;

(2) $(-a)b=a(-b)=-ab,\ (-a)(-b)=ab \quad (\forall a,b\in R)$;

(3) $(\sum_{i=1}^{n}a_i)(\sum_{j=1}^{m}b_j)=\sum_{i=1}^{n}\sum_{j=1}^{m}a_ib_j \quad (a_i,b_j\in R)$;

(4) $(na)b=a(nb)=n(ab) \quad (a,b\in R,n\in\mathbb{Z})$.

证明 (1) 由于 $0a=(0+0)a=0a+0a$,两边消去一个 $0a$ 得 $0a=0$.同样可证 $a0=0$.

(2) 由于 $ab+(-a)b=(a+(-a))b=0b=0$,所以 $(-a)b=-ab$,同样可证 $a(-b)=-ab$.又因为 $(-a)(-b)=-a(-b)=-(-ab)=ab$,故 $(-a)(-b)=ab$.

(3) 利用数学归纳法可将分配律推广成

$$(\sum_{i=1}^{n}a_i)w=\sum_{i=1}^{n}a_iw,\quad v(\sum_{j=1}^{m}b_j)=\sum_{j=1}^{m}vb_j,$$

所以

$$(\sum_{i=1}^{n}a_i)(\sum_{j=1}^{m}b_j)=\sum_{i=1}^{n}(a_i(\sum_{j=1}^{m}b_j))=\sum_{i=1}^{n}\sum_{j=1}^{m}a_ib_j.$$ □

(4) 留作习题由读者完成.

下面给出环的一些例子.

例 2.1.3 整数全体 $\mathbb{Z}$ 关于数的加法和乘法构成一个环,称之为**整数环**.记作 $(\mathbb{Z},+,\cdot)$.显然它是含幺交换环,零元是数 0,单位元是数 1.

例 2.1.4 $\mathbb{Z}_n=\{\bar{0},\bar{1},\cdots,\overline{n-1}\}$,由例 1.2.5 知 $(\mathbb{Z}_n,+)$ 是交换群.现在其上定义乘法:

$$\bar{a}\cdot\bar{b}=\overline{ab} \quad (\bar{a},\bar{b}\in\mathbb{Z}_n).$$

由于乘法满足结合律

$$(\bar{a}\cdot\bar{b})\cdot\bar{c}=\overline{ab}\cdot\bar{c}=\overline{(ab)c}=\overline{a(bc)}=\bar{a}\cdot\overline{bc}=\bar{a}\cdot(\bar{b}\cdot\bar{c}) \quad (\bar{a},\bar{b},\bar{c}\in\mathbb{Z}_n),$$

及乘法对加法的分配律

$$\bar{a}\cdot(\bar{b}+\bar{c})=\bar{a}\cdot\bar{b}+\bar{a}\cdot\bar{c},\quad (\bar{b}+\bar{c})\cdot\bar{a}=\bar{b}\cdot\bar{a}+\bar{c}\cdot\bar{a} \quad (\bar{a},\bar{b},\bar{c}\in\mathbb{Z}_n),$$

所以 $(\mathbb{Z}_n,+,\cdot)$ 构成一个环,称之为**模 n 剩余类环**.它也是含幺交换环.零元是 $\bar{0}$,单位元是 $\bar{1}$.

例 2.1.5 实数域$\mathbb{R}$上$n\times n$矩阵的全体$\boldsymbol{M}_n(\mathbb{R})$，关于矩阵的加法和乘法构成一个环，称之为$\mathbb{R}$上的**矩阵环**. 它是含幺环，零元是$n$阶零矩阵，幺元是$n$阶单位矩阵. 同理，$\boldsymbol{M}_n(\mathbb{Q})$、$\boldsymbol{M}_n(\mathbb{C})$均为矩阵环. 当$n\geqslant 2$时，它们都是非交换环.

上述各例清楚表明环中的零元的"0"的含义. 即"0"仅仅是零元的记号！在整数环$(\mathbb{Z},+,\cdot)$中其零元是数字0；在模n剩余类环$(\mathbb{Z}_n,+,\cdot)$中的零元是$\bar{0}$；在矩阵环$(\boldsymbol{M}_n(\mathbb{R}),+,\cdot)$中的零元是零矩阵.

在含幺环R中，若有条件"$1=0$"，则$R=\{0\}$(**零环**). 因为对于环R，如果它的单位元(幺元)$1(=1_R)$等于零元$0(=0_R)$意味着对$\forall a\in R$，有$a=a1=a0=0$，故$R=\{0\}$. 我们对零环不感兴趣，所以我们研究的环都是"$1\neq 0$"的环，即非零环.

由于环比群多了一个二元运算，当对环$(R,+,\cdot)$中的乘法给定某些条件时，可得到一些特殊的环. 为此，我们首先给出零因子的概念.

定义 2.1.6 设R是一个环，对于$(0\neq)a\in R$，如果存在$(0\neq)b\in R$，使得$ab=0$(或$ba=0$)，则称a是R的一个**左(或右)零因子**. 如果a既是左零因子又是右零因子，则称a为**零因子**.

当R是交换环时，那么左零因子、右零因子是同一概念，它们都是零因子.

比如，在矩阵环$(\boldsymbol{M}_2(\mathbb{R}),+,\cdot)$中，对于

$$\boldsymbol{A}=\begin{pmatrix}1&1\\1&1\end{pmatrix},\ \boldsymbol{B}=\begin{pmatrix}1&1\\-1&-1\end{pmatrix}\in\boldsymbol{M}_2(\mathbb{R}),$$

$\boldsymbol{A}\neq 0$，$\boldsymbol{B}\neq 0$，而$\boldsymbol{AB}=\boldsymbol{0}$，故$\boldsymbol{A}$是$\boldsymbol{M}_2(\mathbb{R})$的一个左零因子，$\boldsymbol{B}$是$\boldsymbol{M}_2(\mathbb{R})$的一个右零因子. 又比如环$(\mathbb{Z}_6,+,\cdot)$，$\bar{2},\bar{3}\in\mathbb{Z}_6$，$\bar{2}\neq\bar{0}$，$\bar{3}\neq\bar{0}$，而$\bar{2}\cdot\bar{3}=\bar{3}\cdot\bar{2}=\bar{0}$，故$\bar{2},\bar{3}$是$\mathbb{Z}_6$的零因子.

定义 2.1.7 设R为含幺环，对于$a\in R$，存在$b\in R$，使得$ba=1$，则称a为**左可逆**，并称b为a的**左逆**. 类似地可以定义**右可逆**、**右逆**. 如果a既是左可逆又是右可逆，则称a **可逆**，并记逆元$b=a^{-1}$.

当R是交换环时，左可逆、右可逆和可逆是一致的.

环R中的可逆元a通常称为环R的**单位**，用$U(R)$表示R中所有单位构成的集合. 含幺环R中的全体单位构成的乘法群称为环R的**单位群**，记为$(U(R),\cdot)$.

例如，R分别为$\mathbb{Z}$，$\mathbb{Q}$，$M_2(\mathbb{Z})$，$\mathbb{Z}_3$，则$U(\mathbb{Z})=\{\pm 1\}$，$U(\mathbb{Q})=\mathbb{Q}\setminus\{0\}$，$U(\boldsymbol{M}_2(\mathbb{Z}))=\boldsymbol{GL}_2(\mathbb{Z})$，$U(\mathbb{Z}_3)=\{\bar{1},\bar{2}\}$.

定义 2.1.8 设R为含幺交换环，并且$0\neq 1$，如果环R没有零因子，则称R为**整环**.

例如，例 2.1.3 整数环$(\mathbb{Z},+,\cdot)$是整环. 因为它是含有幺元1的交换的非

零环,并且没有零因子.

定义 2.1.9 设 R 为含幺环,并且 $0\neq 1$,如果 R 中非零元都是单位,即 $U(R)=R\setminus\{0\}$,则称 R 为**除环**. 若此时 R 又是交换的,则称 R 为**域**. 即交换的除环是域. 通常把非交换的除环称为**体**.

域也可以等价叙述为:设 R 为含幺交换环,并且 $0\neq 1$,如果 R 中的每个非零元都有逆元,则 R 是一个域.

例如有理数集 $\mathbb{Q}$、实数集 $\mathbb{R}$、复数集 $\mathbb{C}$ 关于数的加法和乘法都构成域.

例 2.1.10 设 p 是素数,则模 p 剩余类环$(\mathbb{Z}_p,+,\cdot)$是域.

因为$(\mathbb{Z}_p,+,\cdot)$是含有幺元 $\bar{1}$,交换非零环,现在证明它的任意非零元均有逆元.

设 $\bar{a}\in\mathbb{Z}_p$,$\bar{a}\neq\bar{0}$,则 $p\nmid a$. 由 p 是素数,$(a,p)=1$,所以存在整数 b,c,使得 $ab+pc=1$. 于是 $ab=1-pc$,即在剩余类环 $\mathbb{Z}_p$ 中有

$$\overline{ab}=\overline{1-pc}=\bar{1}-\overline{pc}=\bar{1},$$

亦即 $\overline{ab}=\bar{a}\bar{b}=\bar{1}$,故 $\bar{a}$ 可逆. 所以 $\mathbb{Z}_p$ 是域.

例 2.1.11 设 $\mathbb{Q}[\mathrm{i}]=\{a+b\mathrm{i}\mid a,b\in\mathbb{Q}\}$,则 $\mathbb{Q}[\mathrm{i}]$ 关于复数的加法和乘法构成一个域.

令 $\alpha=a_1+b_1\mathrm{i}$, $\beta=a_2+b_2\mathrm{i}\in\mathbb{Q}[\mathrm{i}]$ $(a_i,b_i\in\mathbb{Q},i=1,2)$,关于复数的加法和乘法为

$$\alpha+\beta=(a_1+b_1\mathrm{i})+(a_2+b_2\mathrm{i})=(a_1+a_2)+(b_1+b_2)\mathrm{i}\in\mathbb{Q}[\mathrm{i}],$$

$$\alpha\beta=(a_1+b_1\mathrm{i})(a_2+b_2\mathrm{i})=(a_1a_2-b_1b_2)+(a_1b_2+a_2b_1)\mathrm{i}\in\mathbb{Q}[\mathrm{i}],$$

易证 $\mathbb{Q}[\mathrm{i}]$ 是一个含幺交换环. 零元为数 0,单位元为数 1. 又令 $\bar{\alpha}=a-b\mathrm{i}$,则 $\alpha\bar{\alpha}=\bar{\alpha}\alpha=a^2+b^2\in\mathbb{Q}$,$\alpha\neq 0$ 时(即 a,b 不同时为 0),有

$$\alpha^{-1}=\frac{1}{a^2+b^2}\bar{\alpha}=\frac{a}{a^2+b^2}-\frac{b}{a^2+b^2}\mathrm{i}\in\mathbb{Q}[\mathrm{i}],$$

故 $\mathbb{Q}[\mathrm{i}]$ 是域.

现在我们给出一个是除环但不是域的例子.

例 2.1.12 设 $\mathbb{R}$ 为实数,

$$\boldsymbol{E}=\begin{pmatrix}1&0\\0&1\end{pmatrix},\quad \boldsymbol{I}=\begin{pmatrix}\mathrm{i}&0\\0&-\mathrm{i}\end{pmatrix},\quad \boldsymbol{J}=\begin{pmatrix}0&1\\-1&0\end{pmatrix},\quad \boldsymbol{K}=\begin{pmatrix}0&\mathrm{i}\\\mathrm{i}&0\end{pmatrix},$$

集合

$$\boldsymbol{H}=\{a\boldsymbol{E}+b\boldsymbol{I}+c\boldsymbol{J}+d\boldsymbol{K}\mid a,b,c,d\in\mathbb{R}\},$$

则 $\boldsymbol{H}$ 为除环.

对于

$$\boldsymbol{A}=a\boldsymbol{E}+b\boldsymbol{I}+c\boldsymbol{J}+d\boldsymbol{K},\ \boldsymbol{B}=a'\boldsymbol{E}+b'\boldsymbol{I}+c'\boldsymbol{J}+d'\boldsymbol{K}\in H,$$

在 $\boldsymbol{H}$ 上定义加法和乘法：

$$\begin{aligned}\boldsymbol{A}+\boldsymbol{B}&=(a\boldsymbol{E}+b\boldsymbol{I}+c\boldsymbol{J}+d\boldsymbol{K})+(a'\boldsymbol{E}+b'\boldsymbol{I}+c'\boldsymbol{J}+d'\boldsymbol{K})\\&=(a+a')\boldsymbol{E}+(b+b')\boldsymbol{I}+(c+c')\boldsymbol{J}+(d+d')\boldsymbol{K};\\\boldsymbol{AB}&=(a\boldsymbol{E}+b\boldsymbol{I}+c\boldsymbol{J}+d\boldsymbol{K})(a'\boldsymbol{E}+b'\boldsymbol{I}+c'\boldsymbol{J}+d'\boldsymbol{K})\\&=(aa'-bb'-cc'-dd')\boldsymbol{E}+(ab'+a'b+cd'-c'd)\boldsymbol{I}+\\&\quad(ac'+a'c+b'd-bd')\boldsymbol{J}+(ad'+a'd+bc'-b'c)\boldsymbol{K}.\end{aligned}$$

注意这里有：

$$\boldsymbol{I}^2=\boldsymbol{J}^2=\boldsymbol{K}^2=-\boldsymbol{E},\quad \boldsymbol{IJ}=-\boldsymbol{JI}=\boldsymbol{K},\quad \boldsymbol{JK}=-\boldsymbol{KJ}=\boldsymbol{I},\quad \boldsymbol{KI}=-\boldsymbol{IK}=\boldsymbol{J}.$$

易证集合 $\boldsymbol{H}$ 关于此定义的加法构成一个交换群，关于乘法满足结合律及乘法对加法的分配律，因此 $(\boldsymbol{H},+,\cdot)$ 是一个环，而且是一个含幺非交换环. 其零元为零矩阵，幺元为单位阵. 又对于元素 $\boldsymbol{A}=a\boldsymbol{E}+b\boldsymbol{I}+c\boldsymbol{J}+d\boldsymbol{K}\in\boldsymbol{H}$ 且 $\boldsymbol{A}\neq 0$，即

$$\boldsymbol{A}=a\boldsymbol{E}+b\boldsymbol{I}+c\boldsymbol{J}+d\boldsymbol{K}=\begin{pmatrix}a+b\mathrm{i} & c+d\mathrm{i}\\-c+d\mathrm{i} & a-b\mathrm{i}\end{pmatrix}=\begin{pmatrix}\alpha & \beta\\-\bar{\beta} & \bar{\alpha}\end{pmatrix}\in\boldsymbol{H},$$

这里 $\alpha=a+b\mathrm{i}$，$\beta=c+d\mathrm{i}$，其中 $a,b,c,d\in\mathbb{R}$ 且 a,b,c,d 不全为 0，所以存在 $\boldsymbol{A}$ 的逆元 $\boldsymbol{B}$，

$$\boldsymbol{B}=\frac{1}{\bar{\alpha}\alpha+\bar{\beta}\beta}\begin{pmatrix}\bar{\alpha} & -\beta\\\bar{\beta} & \alpha\end{pmatrix}=\frac{1}{a^2+b^2+c^2+d^2}(a\boldsymbol{E}-b\boldsymbol{I}-c\boldsymbol{J}-d\boldsymbol{K}).$$

故 $(\boldsymbol{H},+,\cdot)$ 是除环. 此除环又称作**哈密顿(Hamilton)4 元数除环**. 由于 $\boldsymbol{H}$ 不是交换环，故 $\boldsymbol{H}$ 不是域.

关于除环与零因子，域与整环之间有如下的关系.

命题 2.1.13 设 $(R,+,\cdot)$ 是一个含幺环，如果 $a\in R^*$ $(=R\backslash\{0\})$ 关于乘法有逆元，则 a 不是零因子，从而除环没有零因子，域是整环.

证明 设 $ab=0$，则 $a^{-1}(ab)=a^{-1}0=0$. 又 $a^{-1}(ab)=(a^{-1}a)b=1b=b$，所以 $b=0$. 同样，由设 $ba=0$ 可推得 $b=0$，从而 a 不是零因子. 因为除环中每一个 $a\neq 0$ 可逆，故除环没有零因子. 又因为域是除环，所以域没有零因子，同时域又是含幺，$1\neq 0$ 的交换环，故域是整环. □

此定理说明域是整环，但反之不然. 比如：$\mathbb{Z}$ 是整环但非域！当 R 是有限整环时，R 是域.

命题 2.1.14 设 R 是有限整环，则 R 是域.

证明 设有限整环 $R=\{a_1,a_2,\cdots,a_n\}$，只要证明 $\forall\, a_i\neq 0, a_iR=R$. 即要证明对 $\forall\, a\in R$ 且 $a\neq 0$ 都存在逆元. 令 $(0\neq)a\in R$，作映射

$$f: R\to aR$$
$$x\mapsto ax,$$

由于 R 为整环(含幺、交换、无零因子、非零环)，故 f 是一一对应(即双射). 因此

$n=|R|=|aR|$，且由 $aR\subseteq R$，故得 $aR=R$. 由 $1\in R=aR$，存在 $b\in R$，有 $ab=1$，又因 R 是交换的，a 是 R 的可逆元. 综上，R 的任意非零元 a 都是可逆元，所以 R 是域. □

类似于群，现在讨论给定环的子环概念.

定义 2.1.15 设 R 为一个环，S 是 R 的一个非空子集，如果 S 关于 R 的(二元运算)加法和乘法也构成一个环，则称 S 为 R 的一个子环.

从定义即得判定子集是子环的判别准则.

命题 2.1.16 设 R 为一个环，S 是 R 的一个非空子集，则 S 是 R 的子环的充分必要条件是：

(1) $(S,+)$ 是 $(R,+)$ 的子群；

(2) S 关于 R 的乘法封闭，即对 $\forall a,b\in S$，有 $ab\in S$.

证明 设 S 是 R 的子环，条件(1)，(2)显然成立，

反之，由条件(1)，(2)知 R 的加法和乘法是 S 的二元运算同时 S 关于 R 的加法与乘法满足环定义中的三个条件，故 S 构成环，从而 S 为 R 的子环. □

由于对 $\forall a,b\in S$，有 $a-b\in S$ 是 $(S,+)$ 成为 $(R,+)$ 子群的充分必要条件. 所以命题 2.1.16 等价于：环 R 的非空子集 S 是环 R 的子环的充分必要条件是 $\forall a,b\in S$，有 $a-b\in S, ab\in S$.

显然，$\{0\}$ 和 R 本身都是 R 的子环，称为 R 的**平凡子环**.

例 2.1.17 对于数的加法“+”和乘法“·”，$2\mathbb{Z}$ 是整数环 $\mathbb{Z}$ 的子环. $\mathbb{Z}$ 的幺元是 1，而 $2\mathbb{Z}$ 没有幺元.

例 2.1.18 对于环 $(\mathbb{Z}_6,+,\cdot)$，令 $S=\{\bar{0},\bar{2},\bar{4}\}\subset\mathbb{Z}_6=\{\bar{0},\bar{1},\bar{2},\bar{3},\bar{4},\bar{5}\}$，则 S 关于 $\mathbb{Z}_6$ 的“+”和“·”构成一个环，是 $\mathbb{Z}_6$ 的子环. $\mathbb{Z}_6$ 的幺元是 $\bar{1}$，而 S 的幺元是 $\bar{4}$.

如果 S 是环 R 的子环，则 S 的零元就是 R 的零元. 但是，如果 R 有幺元，S 未必有幺元(如例 2.1.17)，即使有幺元也不一定与 R 相同(如例 2.1.18). 我们通过下例对比群与子群更好地把握环与子环.

例 2.1.19 对比例 1.4.2 (2)，求环 $\mathbb{Z}_{12}$ 的所有子环.

设 S 是环 $\mathbb{Z}_{12}$ 的任一子环，则 S 是 $\mathbb{Z}_{12}$ 的子群，而 $(\mathbb{Z}_{12},+)$ 是有限阶循环群，从而 $(S,+)$ 也是循环群，且存在 $d\in\mathbb{Z}^+$，$d\mid 12$，使得 $(S,+)=\langle\bar{d}\rangle$. d 的可能取值为：1,2,3,4,6,12. 相应的子群为：

$$S_1=\langle\bar{1}\rangle=\mathbb{Z}_{12}=\{\bar{0},\bar{1},\bar{2},\bar{3},\bar{4},\bar{5},\bar{6},\bar{7},\bar{8},\bar{9},\overline{10},\overline{11}\},$$

$$S_2=\langle\bar{2}\rangle=2\mathbb{Z}_{12}=\{\bar{0},\bar{2},\bar{4},\bar{6},\bar{8},\overline{10}\},$$

$$S_3=\langle\bar{3}\rangle=3\mathbb{Z}_{12}=\{\bar{0},\bar{3},\bar{6},\bar{9}\},\quad S_4=\langle\bar{4}\rangle=4\mathbb{Z}_{12}=\{\bar{0},\bar{4},\bar{8}\},$$

$$S_5=\langle\bar{6}\rangle=6\mathbb{Z}_{12}=\{\bar{0},\bar{6}\},\quad S_6=\langle\overline{12}\rangle=12\mathbb{Z}_{12}=\{\bar{0}\}.$$

经验证可知，以上六个子群都关于$\mathbb{Z}_{12}$的乘法封闭，所以它们都是$\mathbb{Z}_{12}$的子环. 于是$\mathbb{Z}_{12}$恰有六个子环：

$$S_1=(\mathbb{Z}_{12},+,\cdot),\quad S_2=(2\mathbb{Z}_{12},+,\cdot),\quad S_3=(3\mathbb{Z}_{12},+,\cdot),$$
$$S_4=(4\mathbb{Z}_{12},+,\cdot),\quad S_5=(6\mathbb{Z}_{12},+,\cdot),\quad S_6=(12\mathbb{Z}_{12},+,\cdot).$$

它们的零元均为$\bar{0}$. S_1 的幺元是 $\bar{1}$；S_2、S_5 无幺元；S_3 的幺元是 $\bar{9}$；S_4 的幺元是 $\bar{4}$；S_6 的幺元是 $\bar{0}$（注意：S_6 的零元也是 $\bar{0}$，故它是"$1=0$"环）.

在环论中作为它的子结构讨论更多的不是子环，而是理想. 这正是我们下一节要讨论的内容.

习题 2.1

1. 证明[命题 2.1.2 中的(4)]：$(na)b=a(nb)=n(ab)(a,b\in R,n\in\mathbb{Z})$.

2. 下面的集合对于各自的加法和乘法是否构成环？对于其中不构成环的，说明其理由.

(1) 集合 $n\mathbb{Z}$ 关于数的加法和乘法.

(2) 集合 $\mathbb{Z}^+=\{a\in\mathbb{Z}\mid a>0\}$关于数的加法和乘法.

(3) 集合 $\mathbb{Z}\times\mathbb{Z}=\{(a,b)\mid a,b\in\mathbb{Z}\}$关于加法：$(a,b)+(a',b')=(a+a',b+b')$和乘法：$(a,b)(a',b')=(aa',bb')$.

(4) 集合 $2\mathbb{Z}\times\mathbb{Z}=\{(2a,b)\mid a,b\in\mathbb{Z}\}$关于如上(3)的加法和乘法.

(5) 集合 H 是集合 S 的所有子集组成的集合，即 $H=\{A_i\mid A_i\subseteq S,i\in I\}$，对于$\forall A,B\in H$ 关于加法：$A+B=A\cup B-A\cap B$ 和乘法：$A\cdot B=A\cap B$.

3. 证明：环 R 无左零因子$\Leftrightarrow R$ 有左消去律，即由 $ab=ac$ 和 $a\neq 0$ 可推出 $b=c$；环 R 无右零因子$\Leftrightarrow R$ 有右消去律，即由 $ba=ca$ 和 $a\neq 0$ 可推出 $b=c$.

4. 证明：矩阵环$M_2(\mathbb{R})$的子集 $R=\left\{\begin{pmatrix}a & b\\ -b & a\end{pmatrix}\middle| a,b\in\mathbb{R}\right\}$关于矩阵的加法和乘法构成域.

5. 设$(R,+,\cdot)$是含幺环，对于 $a,b\in R$，定义加法 $a\oplus b=a+b-1$ 和乘法 $a\odot b=a+b-ab$. 试证：$(R,\oplus,\odot)$也是含幺环.

6. 设 $S=\left\{\begin{pmatrix}\alpha & \beta\\ -\bar{\beta} & \bar{\alpha}\end{pmatrix}\middle| \alpha,\beta\in\mathbb{C}，\mathbb{C}\text{为复数}\right\}$，试证：$(S,+,\cdot)$是除环，但不是域.

7. 设 R 是一个环，$S_i(i\in\Lambda)$是 R 的一族子环，试证：$\bigcap\limits_{i\in\Lambda}S_i$ 仍是 R 的子环.

8. 设 $n\geqslant 2$ 为正整数,证明:环 $\mathbb{Z}_n$ 中元素 a 可逆的充要条件是 $(a,n)=1$.

9. 试证:$\mathbb{Z}[\mathrm{i}]=\{a+b\mathrm{i}\mid a,b\in\mathbb{Z}\}$ 是整环,但不是域. 并求出 $\mathbb{Z}[\mathrm{i}]$ 的单位,即 $U(\mathbb{Z}[\mathrm{i}])$(通常称 $\mathbb{Z}[\mathrm{i}]$ 为**高斯**(Gauss)**整数环**).

§ 2.2　理想和商环

在环论中理想所起的作用相当于群论中的正规子群. 对比群论中的正规子群和商群,本节介绍环论中非常重要的概念:理想和商环.

定义 2.2.1　设 R 是一个环,I 是 R 的一个非空子集,如果 $(I,+)$ 是 $(R,+)$ 的子群并且对 $\forall r\in R,a\in I$,有 $ra\in I(ar\in I)$,则称 I 为 R 的一个**左(右)理想**. 当 I 既是 R 的左理想又是 R 的右理想时,则称 I 是 R 的**理想**.

显然,当 R 是交换环时,R 的左理想、右理想和理想三者是一致的. 注意,对于非交换环的情形以后若无特别强调,所指的理想皆为左理想.

显然,$\{0\}$ 和 R 自身都是 R 的理想,称之为 R 的**平凡理想**. 如果 I 是 R 的理想且 $I\neq R$,则称 I 是 R 的**真理想**.

我们知道正规子群一定是子群,反之不然. 由理想的定义可知理想是特殊的子环,但反过来一个子环不一定是理想. 例如,有理数集 $\mathbb{Q}$ 对于数的加法和乘法构成环,整数环 $\mathbb{Z}$ 是 $\mathbb{Q}$ 的子环,但 $\mathbb{Z}$ 不是 $\mathbb{Q}$ 的理想(比如,$5\in\mathbb{Z}$,$\frac{1}{2}\in\mathbb{Q}$,但是 $5\cdot\frac{1}{2}\notin\mathbb{Z}$).

下面给出环 R 的理想 I 的一个等价定义,它常被作为判断是否理想的条件.

命题 2.2.2　设 R 是一个环,I 是 R 的非空子集,则 I 是 R 的理想的充分必要条件是

(1) 对 $\forall a,b\in I$,有 $a-b\in I$;

(2) 对 $\forall r\in R,a\in I$,有 $ra,ar\in I$.

证明　条件(1)是 $(I,+)$ 构成 $(R,+)$ 的子群的充分必要条件. 再由理想的定义即得. □

例 2.2.3　$n\mathbb{Z}$ 是整数环 $\mathbb{Z}$ 的理想.

因为对 $\forall a,b\in n\mathbb{Z}$,$a=na_1$,$b=nb_1$　$(a_1,b_1\in\mathbb{Z})$,

$$a-b=na_1-nb_1=n(a_1-b_1)\in n\mathbb{Z},$$

对 $\forall r\in\mathbb{Z},a\in n\mathbb{Z}$,

$$ra=rna_1=nra_1\in n\mathbb{Z},\ ar=na_1r\in n\mathbb{Z}\quad(a_1\in\mathbb{Z}),$$

故 $n\mathbb{Z}$ 是整数环 $\mathbb{Z}$ 的理想.

例 2.2.4 设 R 是含幺(非零)环,I 是 R 的理想.

(1) 若 $1\in I$,则 $I=R$.

(2) 若 I 含有 R 的单位,则 $I=R$.

证明 (1) 因为 $1\in I$,对 $\forall r\in R$,有 $r=r\cdot 1\in I$,所以 $R\subseteq I$. 又由理想的定义 $I\subseteq R$,故 $I=R$.

(2) 设 u 为 R 的单位,由 $u\in I$,则存在 $v\in R$,有 $1=uv\in I$,故 $1\in I$. 由(1)即得 $I=R$.

由此例可见除环没有真理想. 和群中单群类似,在环中只有平凡理想的环称为**单环**. 体和域只有平凡理想,因此是单环. 此外,我们知道正规子群的正规子群未必是原群的正规子群. 同样理想的理想也未必是原环的理想(见习题 2.2 第 8 题).

下面给出理想的运算:和、积、交的定义.

命题和定义 2.2.5 设 R 是一个环,I,J 是 R 的理想,则

(1) 集合

$$I+J=\{a+b\mid a\in I,b\in J\}$$

是 R 的理想,而且它是包含 I 和 J 的最小理想,称之为 I 与 J 的**和**. 如果 $I+J=R$,则称 I 和 J **互素**. 此结论也可推广到环 R 的有限个理想 $I_1,I_2,\cdots,I_n$ 的情形.

(2) 集合

$$IJ=\{\sum_{i=1}^{n}a_ib_i\mid a_i\in I,\ b_i\in J,\ n\in\mathbb{Z}^+\}$$

是 R 的理想,称之为 I 与 J 的**积**.

(3) 集合

$$I\cap J=\{a\mid a\in I\text{ 且 }a\in J\}$$

是 R 的理想,称之为 I 与 J 的**交**. 此结论可以推广到环 R 的一族理想 $I_i(i\in\Lambda)$ 的交 $\bigcap_{i\in\Lambda}I_i$ 也是 R 的理想.

证明 (1)由 $0=0+0\in I+J$,故 $I+J\neq\varnothing$.

对 $\forall r\in R$, $u,v\in I+J$,设 $u=a_1+b_1,v=a_2+b_2$,其中 $a_1,a_2\in I$, $b_1,b_2\in J$,则

$$u-v=(a_1+b_1)-(a_2+b_2)=(a_1-a_2)+(b_1-b_2)\in I+J.$$

$ru=r(a_1+b_1)=(ra_1)+(rb_1)\in I+J,\quad ur=(a_1+b_1)r=(a_1r)+(b_1r)\in I+J.$

从而由命题 2.2.2,即得 $I+J$ 是 R 的理想. 又显然 $I+J$ 包含 I 和 J,若 K 是 R 的一个包含 I 和 J 的理想,则 K 一定含有所有形如 $a+b,a\in I,b\in J$ 的元素,从而,$I+J\subseteq K$. 所以 $I+J$ 是 R 的包含 I 和 J 的最小理想.

(2) 由 $0\in IJ$,故 $IJ\neq\varnothing$.

设 $u=\sum_{i=1}^{n}a_ib_i$，$v=\sum_{j=1}^{m}a_j'b_j'\in IJ$ $(a_i,a_j'\in I,b_i,b_j'\in J,m,n\in\mathbb{Z}^+)$，则

$$u-v=a_1b_1+a_2b_2+\cdots+a_nb_n-a_1'b_1'-a_2'b_2'-\cdots-a_m'b_m'\in IJ,$$

又对 $\forall r\in R,u=\sum_{i=1}^{n}a_ib_i\in IJ$，则

$$ru=r(\sum_{i=1}^{n}a_ib_i)=\sum_{i=1}^{n}(ra_i)b_i\in IJ,\ ur=(\sum_{i=1}^{n}a_ib_i)r=\sum_{i=1}^{n}a_i(b_ir)\in IJ,$$

得证.

(3) 由 $0\in I\cap J$，故 $I\cap J\neq\varnothing$. 设 $a,b\in I\cap J$，故 $a,b\in I$ 且 $a,b\in J$，从而 $a-b\in I$ 且 $a-b\in J$，所以 $a-b\in I\cap J$.

对 $\forall r\in R,a\in I\cap J$，有 $ra,ar\in I$ 且 $ra,ar\in J$，故 $ra,ar\in I\cap J$，所以 $I\cap J$ 是 R 的理想. □

例 2.2.6 设 R 是环，$I_1\subseteq I_2\subseteq I_3\subseteq\cdots$ 是 R 的一个理想链，则 $I=\bigcup_{i=1}^{\infty}I_i$ 是 R 的理想.

证明 设 $\forall a,b\in I$，则 $a\in I_i,b\in I_j(\exists i,j\in\mathbb{Z}^+)$，不妨设 $i\leqslant j$，由条件知 $a,b\in I_j$. 因为 I_j 是理想，有 $a-b\in I_j\subseteq I$，故 $a-b\in I$. 对 $\forall r\in R,a\in I$，则 $a\in I_j$，有 $ra,ar\in I_j$，从而 $ra,ar\in I$，所以 I 是 R 的理想.

下面给出理想的构造.

定义 2.2.7 设 R 是一个环，S 是 R 的一个非空子集，环 R 中包含 S 的最小理想(即 R 的包含 S 的所有理想的交)，称为**由 S 生成的理想**，记为(S).

若 $S=\{s_1,s_2,\cdots,s_n\}$ 为有限集，则记$(S)=(s_1,s_2,\cdots,s_n)$，并称为**有限生成理想**；若 $S=\{s_0\}$，则记$(S)=(s_0)$，称为**由 s_0 生成的理想**. 由一个元素生成的理想称为**主理想**.

一方面，显然(S)即为 R 的包含 S 的所有理想之交. 另一方面，由于(S)作为环 R 的理想显然包含下面的一些集合：

$$\mathbb{Z}S=\{\sum_{i=1}^{n}m_is_i\mid m_i\in\mathbb{Z},s_i\in S,n\geqslant1\};$$

$$RS=\{\sum_{i=1}^{n}r_is_i\mid r_i\in R,s_i\in S,n\geqslant1\};$$

$$SR=\{\sum_{i=1}^{n}s_ir_i\mid r_i\in R,s_i\in S,n\geqslant1\};$$

$$RSR=\{\sum_{i=1}^{n}r_is_ir_i'\mid r_i,r_i'\in R,s_i\in S,n\geqslant1\}.$$

若定义 $S_1+S_2+\cdots+S_n=\{s_1+s_2+\cdots+s_n \mid s_i\in S_i, 1\leqslant i\leqslant n\}$，易验证 $\mathbb{Z}S+RS+SR+RSR$ 已形成环 R 的理想. 所以，它也就是由 S 生成的理想 (S)，即

$$(S)=\mathbb{Z}S+RS+SR+RSR.$$

若 R 是交换环，则 $RS=SR\supseteq RSR$，从而 $(S)=\mathbb{Z}S+RS$.

若 R 是含幺交换环，则 $\mathbb{Z}S\subseteq RS$，从而 $(S)=RS$. 此时，

若 $S=\{s_1,s_2,\cdots,s_n\}$，

$$(S)=(s_1,s_2,\cdots,s_n)=\{r_1s_1+r_2s_2+\cdots+r_ns_n \mid r_i\in R, s_i\in S, 1\leqslant i\leqslant n\}$$

若 $S=\{s_0\}$，

$$(S)=(s_0)=\{rs_0 \mid r\in R, s_0\in S\}=s_0R.$$

由此看出，零元和单位元生成的主理想分别为：$(0)=\{0\}$，$(1)=R$.

对于整数环 $\mathbb{Z}$，$\forall a\in\mathbb{Z}$，$(a)=\{na \mid n\in\mathbb{Z}\}$（即由 a 生成的主理想）. (a) 与加法群 $\mathbb{Z}$ 的由 a 生成的循环子群作为群是一致的，即 $(a)=\langle a\rangle$. 其实，加法群 $\mathbb{Z}$ 的任意子群 H 都自动是环 $\mathbb{Z}$ 的理想. 因为由例 1.4.2(1) 知，$\mathbb{Z}$ 的全部子群为 $n\mathbb{Z}$，再由例 2.2.3 知，$n\mathbb{Z}$ 是整数环 $\mathbb{Z}$ 的理想.

注意，若 I,J 是环 R 的理想，则由命题和定义 2.2.5(1) 知，$I+J$ 是由 $I\cup J$ 生成的理想. 即 $I+J=(I\cup J)$.

例 2.2.8 整数环 $\mathbb{Z}$ 中每个理想都是主理想.

设 I 是 $\mathbb{Z}$ 的任一理想，若 $I=\{0\}$，则 $I=(0)$ 是主理想. 现假设 $I\neq\{0\}$，$n\in I$ 是最小的正整数（由 $t\in I$ 时 $-t\in I$，所以 I 中必有正整数），对 $\forall a\in I$，由整数的带余除法知，存在 $q,r\in\mathbb{Z}$，使得

$$a=nq+r,\quad 其中\ r=0\ 或\ 0<r<n.$$

由 $r=a-nq\in I$ 及 n 的最小性，必有 $r=0$. 故 $a=nq\in(n)$. 因此 $I\subseteq(n)$，而 $(n)\subseteq I$ 是显然的，所以 $I=(n)$. 即 $\mathbb{Z}$ 中每个理想都是主理想.

例 2.2.9 设 $\mathbb{Z}[x]$ 是整数环 $\mathbb{Z}$ 上的一元多项式环. (1) 写出 $\mathbb{Z}[x]$ 的理想 $(2,x)$ 所含元素形式；(2) 证明 $(2,x)$ 不是 $\mathbb{Z}[x]$ 的主理想.

(1) 因为 $\mathbb{Z}[x]$ 是含幺交换环，及 $(2,x)=(2)+(x)$，所以 $(2,x)$ 由所有形如

$$2p_1(x)+xp_2(x)\quad (p_1(x),p_2(x)\in\mathbb{Z}[x])$$

的元素作成，即 $(2,x)$ 刚好包含所有多项式：

$$2a_0+a_1x+\cdots+a_nx^n,$$

其中 $a_i\in\mathbb{Z}$，$n\geqslant 0$.

(2) 假设 $(2,x)$ 是主理想，即 $(2,x)=(p(x))$，则 $2\in(p(x))$，$x\in(p(x))$. 因而 $2=q(x)p(x)$，$x=h(x)p(x)$. 但由 $2=q(x)p(x)$ 可得 $p(x)=a\in\mathbb{Z}$，再由 $x=h(x)a$ 知，$a=\pm1$，这样 $\pm1=p(x)\in(2,x)$ 是矛盾的. 故 $(2,x)$ 不是 $\mathbb{Z}[x]$ 的主理想.

对比商群，现在我们考虑商环的构成. 设 R 是一个环，I 是 R 的一个理想，因此 I 是加法交换群 R 的一个子群（I 是 R 的正规子群），故有加法商群 $R/I=\{a+I\mid a\in R\}$. 现在在 R/I 上定义乘法：

$$(a+I)\cdot(b+I)=ab+I \quad (\forall a,b\in R),$$

使其成为环. 为此首先面临的问题就是这样定义的乘法是否可行，也就是说它是否与代表元的选取无关. 下面就来说明这样定义确实是可行的. 即：若

$$(a+I)=(a'+I),\ (b+I)=(b'+I) \quad (\forall a,a',b,b'\in R),\text{则}$$

$$ab+I=a'b'+I.$$

为叙述方便，我们采取如下记法：

$$a+I=\bar{a}.$$

注意：$\bar{a}=\bar{b}\Leftrightarrow a-b\in I$. 由 $\bar{a}=\overline{a'}$，$\bar{b}=\overline{b'}$ 有 $a-a'\in I$，$b-b'\in I$，又因为 $ab-a'b'=(a-a')b+a'(b-b')\in I$，所以 $\overline{ab}=\overline{a'b'}$. 这说明乘法"·"的合理性. 再证 R/I 构成环. 即要验证该乘法满足结合律且对加法适合分配律.

对于 $\bar{a},\bar{b},\bar{c}\in R/I$,

$$\bar{a}\cdot(\bar{b}\cdot\bar{c})=\bar{a}\cdot(\overline{bc})=\overline{a(bc)}=\overline{(ab)c}=(\overline{ab})\cdot\bar{c}=(\bar{a}\cdot\bar{b})\cdot\bar{c},$$

容易证明

$$\bar{a}\cdot(\bar{b}+\bar{c})=\bar{a}\cdot\bar{b}+\bar{a}\cdot\bar{c},\quad (\bar{b}+\bar{c})\cdot\bar{a}=\bar{b}\cdot\bar{a}+\bar{c}\cdot\bar{a},$$

所以 R/I 构成环.

定义 2.2.10 环$(R/I,+,\cdot)$称为环 R 关于理想 I 的**商环**，记为 R/I.

注意，商环的零元是 I，即 $\bar{0}(=0+I)$. 若 R 是交换环，则 R/I 也是交换环；若 R 是含幺环（幺元为 1），则 R/I 也是含幺环（幺元为 $\bar{1}(=1+I)$）.

例 2.2.11 设 $n>0$ 为整数，由于作为群(n)与$\langle n\rangle$是相同的，又如例 1.5.18 指出的，作为群 $\mathbb{Z}/\langle n\rangle(=\mathbb{Z}/n\mathbb{Z})$ 与 $\mathbb{Z}_n$ 是相同的，所以商环 $\mathbb{Z}/(n)$ 与剩余类环 $\mathbb{Z}_n$ 作为群是相同的. 现在来看这两个环的乘法.

在 $\mathbb{Z}/(n)$ 中

$$(a+(n))\cdot(b+(n))=ab+(n),\text{即 }\bar{a}\cdot\bar{b}=\overline{ab}.$$

在 $\mathbb{Z}_n$ 中

$$\bar{a}\cdot\bar{b}=\overline{ab}.$$

由此可见，两个环的乘法的定义方式是一致的，故商环 $\mathbb{Z}/(n)$ 就是剩余类环 $\mathbb{Z}_n$.

习题 2.2

1. 设 I_1 和 I_2 均为环 R 的理想. 证明：$I_1I_2\subseteq I_1\cap I_2$.

2. 设 I 是环 R 的一个左理想，令 $0:I=\{a\in R\mid aI=\{0\}\}$，证明：$0:I$ 是 R 的

一个理想.

3. 设 R 是环, I,J 是 R 的理想. 试问: $I\cup J$ 是 R 的理想吗? 为什么?

4. 设 R 为整环, I,J 为 R 的非零理想, 试证: $I\cap J\neq\{0\}$.

5. 设 R 是数域$\mathbb{P}$上所有 2 阶方阵构成的环, 证明: R 的理想只有$\{0\}$和 R.

6. 在整数环 $\mathbb{Z}$ 中, 令 $I=m\mathbb{Z}$, $J=n\mathbb{Z}$, 证明:

$$I\cap J=[m,n]\mathbb{Z},\quad I+J=(m,n)\mathbb{Z},\quad IJ=mn\mathbb{Z}.$$

这里(m,n)是 m 和 n 的最大公约数; $[m,n]$是 m 和 n 的最小公倍数.

7. 设 R 是一个环, I 是 R 的一个理想. 证明:

(1) 若 J 是 R 的理想且 $J\supseteq I$, 则 J/I 是 R/I 的理想;

(2) 若 L 是 R/I 的一个理想, 则存在 R 的理想 J, 使 $J\supseteq I$ 且 $L=J/I$.

8. 设 F 为域,

$$I=\left\{\begin{pmatrix}0&0&0\\0&0&a\\0&0&0\end{pmatrix}\middle|\, a\in F\right\},\ J=\left\{\begin{pmatrix}0&0&x\\0&0&y\\0&0&0\end{pmatrix}\middle|\, x,y\in F\right\},$$

$$R=\left\{\begin{pmatrix}a_1&a_2&a_3\\0&a_4&a_5\\0&0&a_6\end{pmatrix}\middle|\, a_i\in F,i=1,2,\cdots,6\right\},$$

试证: I 是 J 的理想, J 是 R 的理想, 但是 I 不是 R 的理想.

9. 设 I,J 均为环 R 的理想, 证明: $IJ\subseteq I\cap J$. 试问是否一定有 $IJ=I\cap J$?

§2.3 环的同态

与研究群的情形一样, 环与环之间的联系也是通过映射实现的. 对于给定的两个环 R 和 R', 我们常常需要研究 R 到 R' 的保持二元运算的映射, 即所说的同态映射. 本节对比群的同态以及同态基本定理讲述环的同态以及同态基本定理. 作为环的同态基本定理的应用给出中国剩余定理.

定义 2.3.1 设 R 和 R' 为环, $f: R\to R'$ 是一个映射, 如果对 $\forall a,b\in R$, 满足条件

(1) $f(a+b)=f(a)+f(b)$,

(2) $f(a\cdot b)=f(a)\cdot f(b)$,

则称 f 是环 R 到 R' 的一个**同态**(**映射**).

由(1)有 $f(0_R)=0_{R'}$, $f(-a)=-f(a)$, 从而 $f(a-b)=f(a)-f(b)$. 这里 0_R, $0_{R'}$ 分别为 R 和 R' 的零元, 又简记为 0.

注意, (1), (2)等式的左、右两边的加法和乘法, 虽然都用符号"+"和"·",

但所表示的意思不同.左边的"+","·"是环 R 中的运算,而右边的是 R' 中的运算.为了书写简便,我们常将"·"略去,记 $a\cdot b$ 为 ab.

设 f 为环 R 到 R' 的同态,若 f 是单射(满射),则称 f 是**单同态**(**满同态**);若 f 是双射,则称 f 是一个**同构**,此时也称环 R 与 R' 同构,记为 $R\cong R'$. 在 f 是环的同构的情况下其逆映射 f^{-1} 也是同构的.

R 到 R 自身的同态称为 R 的**自同态**. 若 I 是环 R 的理想,则 R 到其商环 R/I 的同态称为**自然同态**. 显然自然同态是满同态. 此外,关于同态 f 的核 $\mathrm{Ker}(f)$ 和像 $\mathrm{Im}(f)$

$$\mathrm{Ker}(f)=\{a\in R\mid f(a)=0_{R'}\},$$
$$\mathrm{Im}(f)=f(R)=\{f(a)\mid a\in R\},$$

易证,$\mathrm{Ker}(f)$ 是 R 的理想,$\mathrm{Im}(f)$ 是 R' 的子环;f 是单同态 $\Leftrightarrow \mathrm{Ker}(f)=\{0\}$;$f$ 是满同态 $\Leftrightarrow \mathrm{Im}(f)=R'$.

类似群的同态基本定理,我们有下面环的同态基本定理.

定理 2.3.2(环的同态基本定理) 设 R,R' 为环,$f:R\to R'$ 是一个同态,则映射

$$\bar{f}:R/\mathrm{Ker}(f)\to R'$$
$$\bar{a}=a+\mathrm{Ker}(f)\mapsto f(a)$$

是环的单同态. 特别地,有环的同构

$$R/\mathrm{Ker}(f)\cong f(R).$$

证明 在群论中已经证明映射 $\bar{f}$ 的可定义性以及它是加法群同态,对于乘法,由于 $\forall\,\bar{a},\bar{b}\in R/\mathrm{Ker}(f)$,有

$$\bar{f}(\bar{a}\bar{b})=\bar{f}(\overline{ab})=f(ab)=f(a)f(b)=\bar{f}(\bar{a})\bar{f}(\bar{b}),$$

即 $\bar{f}$ 是环的同态. 在群论中已经证明了 $\bar{f}$ 是单射,且 $R/\mathrm{Ker}(f)\cong f(R)$,所以 $\bar{f}$ 是环的单同态,且有环的同构 $R/\mathrm{Ker}(f)\cong f(R)$ (注意 $f(R)=\mathrm{Im}(f)$). □

若 $f:R\to R'$ 是环的满同态,则有 $R/\mathrm{Ker}(f)\cong R'$.

定理 2.3.3 设 R 是一个环,I,J 均为 R 的理想,则

$$I/(I\cap J)\cong(I+J)/J.$$

证明 由于 I,J 是 R 的理想,所以 $I+J$ 也是 R 的理想,因此 $I+J$ 是 R 的子环. 又 J 是 $I+J$ 的理想,作映射

$$f:I\to(I+J)/J$$
$$a\mapsto\bar{a}=a+J,$$

显然 f 是加法群的满同态. 又因为对于 $a,b\in I$,有

$$f(ab)=\overline{ab}=\bar{a}\bar{b}=f(a)f(b),$$

所以 f 也是环 I 到环 $(I+J)/J$ 的满同态. 由于 $\mathrm{Ker}(f)=I\cap J$,从而 $I\cap J$ 是 I

的理想. 由定理 2.3.2 有环同构

$$I/(I\cap J)\cong(I+J)/J.$$ □

定理 2.3.4 设 R 是一个环, I,J 均为 R 的理想, 若 $I\subseteq J$, 则

$$(R/I)/(J/I)\cong R/J.$$

证明 类似于定理 1.6.13 中的证明(留给读者完成).

例 2.3.5 设 $a\in\mathbb{R}$, 作映射

$$g:\mathbb{R}[x]\to\mathbb{R}$$
$$f(x)\mapsto f(a),$$

不难验证 g 是环的满同态. 另外, 实数 a 是多项式 $f(x)\in\mathbb{R}[x]$ 的根 $\Leftrightarrow f(x)$ 可被 $(x-a)$ 整除. 因此

$$\begin{aligned}\mathrm{Ker}(g)&=\{f(x)\in\mathbb{R}[x]\mid g(f(x))=f(a)=0\}\\&=\{f(x)\in\mathbb{R}[x]\mid(x-a)\mid f(x)\}\\&=(x-a)\quad(\text{表示由 } x-a \text{ 生成的主理想}),\end{aligned}$$

于是由定理 2.3.2 有环的同构

$$\mathbb{R}[x]/(x-a)\cong\mathbb{R}\quad(\forall a\in\mathbb{R}).$$

例 2.3.6 设 m 和 n 是两个正整数, 已知 $m\mathbb{Z}$, $n\mathbb{Z}$ 是整数环 $\mathbb{Z}$ 的两个理想, 由习题 2.2 第 6 题知

$$m\mathbb{Z}\cap n\mathbb{Z}=[m,n]\mathbb{Z},$$
$$m\mathbb{Z}+n\mathbb{Z}=(m,n)\mathbb{Z}.$$

于是由定理 2.3.3 有,

$$m\mathbb{Z}/[m,n]\mathbb{Z}\cong(m,n)\mathbb{Z}/n\mathbb{Z}.$$

这里两边均为有限环. 由于当 $a|b$ 时, $a\mathbb{Z}/b\mathbb{Z}$ 的元素个数为 b/a, 从而上面的环同构给出等式 $[m,n](m,n)=mn$. 这里的 (m,n) 表示 m 和 n 的最大公约数, $[m,n]$ 是 m 和 n 的最小公倍数.

在例 2.3.6 中, 令 $m=4$, $n=6$, 则 $(m,n)=2$, $[m,n]=12$, 于是,

$$4\mathbb{Z}+6\mathbb{Z}=2\mathbb{Z},\quad 4\mathbb{Z}\cap 6\mathbb{Z}=12\mathbb{Z},$$
$$(4\mathbb{Z}+6\mathbb{Z})/6\mathbb{Z}=2\mathbb{Z}/6\mathbb{Z}=\{\bar{0}_6,\bar{2}_6,\bar{4}_6\},$$
$$4\mathbb{Z}/(4\mathbb{Z}\cap 6\mathbb{Z})=4\mathbb{Z}/12\mathbb{Z}=\{\bar{0}_{12},\bar{4}_{12},\bar{8}_{12}\}.$$

(这里为了避免混淆, 把 $\mathbb{Z}/(n)$ 中的元素记作 $\bar{a}_n$)

易见, $(4\mathbb{Z}+6\mathbb{Z})/6\mathbb{Z}=\{\bar{0}_6,\bar{2}_6,\bar{4}_6\}$ 的幺元为 $\bar{4}_6$, $4\mathbb{Z}/(4\mathbb{Z}\cap 6\mathbb{Z})=\{\bar{0}_{12},\bar{4}_{12},\bar{8}_{12}\}$ 中的幺元是 $\bar{4}_{12}$. $4\mathbb{Z}/(4\mathbb{Z}\cap 6\mathbb{Z})$ 到 $(4\mathbb{Z}+6\mathbb{Z})/6\mathbb{Z}$ 的同构映射

$$f:4\mathbb{Z}/(4\mathbb{Z}\cap 6\mathbb{Z})\to(4\mathbb{Z}+6\mathbb{Z})/6\mathbb{Z}\quad(\text{即 } 4\mathbb{Z}/12\mathbb{Z}\to 2\mathbb{Z}/6\mathbb{Z})$$
$$\bar{a}_{12}\mapsto\bar{a}_6\quad(a=0,4,8)$$

即

$$f(\bar{0}_{12})=\bar{0}_6, f(\bar{4}_{12})=\bar{4}_6, f(\bar{8}_{12})=\bar{2}_6.\text{(注意:}\bar{2}_6=\bar{8}_6\text{)}$$

若将映射 f 改为 g，令 g: $\bar{a}_{12}\mapsto\overline{(2a)}_6(a=0,4,8)$，即 $g(\bar{0}_{12})=\bar{0}_6, g(\bar{4}_{12})=\bar{2}_6$, $g(\bar{8}_{12})=\bar{4}_6$(注意:$\bar{2}_6=\bar{8}_6, \bar{4}_6=\overline{16}_6$)，还是环同构吗？是否群同构？(留作读者思考)

例 2.3.7 设 m 和 n 是两个正整数，$m\mid n$，则 $m\mathbb{Z}\supseteq n\mathbb{Z}$，由定理 2.3.4 知，有

$$(\mathbb{Z}/n\mathbb{Z})/(m\mathbb{Z}/n\mathbb{Z})\cong\mathbb{Z}/m\mathbb{Z}.$$

即可写成

$$(\mathbb{Z}/(n))/((m)/(n))\cong\mathbb{Z}/(m)=\mathbb{Z}_m.$$

例如 $m=3, n=6$，则

$$(\mathbb{Z}/(6))/((3)/(6))\cong\mathbb{Z}/(3)=\mathbb{Z}_3=\{\bar{0}_3,\bar{1}_3,\bar{2}_3\}.$$

环是附加了另一个运算(乘法)的交换群，因此证明其同态基本定理时可直接将它作为交换群时的结论平行地移过来再验证它保持乘法.

例 2.3.8 设 $\mathbb{Q}[x]$ 是有理数域 $\mathbb{Q}$ 上的一元多项式环，(x^2-2) 是由多项式 x^2-2 生成的理想，则有环同构 $\mathbb{Q}[x]/(x^2-2)\cong\mathbb{Q}[\sqrt{2}]$.

证明 作映射

$$\sigma: \mathbb{Q}[X]\to\mathbb{Q}[\sqrt{2}]\quad(\mathbb{Q}[\sqrt{2}]=\{a+b\sqrt{2}\mid a,b\in\mathbb{Q}\})$$
$$f(x)\mapsto f[\sqrt{2}],$$

易证 σ 是环同态. 现在证明 σ 是满射. 因为 $\forall a+b\sqrt{2}\in\mathbb{Q}[\sqrt{2}]$ $(a,b\in\mathbb{Q})$，存在 $a+bx\in\mathbb{Q}[x]$，有 $\sigma(a+bx)=a+b\sqrt{2}$，故 σ 是满射. 接下来考虑 $\mathrm{Ker}(\sigma)$.

设 $(x^2-2)f(x)\in(x^2-2)\mathbb{Q}[X]$，则

$$\sigma((x^2-2)f(x))=(\sqrt{2}^2-2)f(\sqrt{2})=0,$$

所以

$$(x^2-2)\mathbb{Q}[X]\subseteq\mathrm{Ker}(\sigma).$$

设 $f(x)\in\mathrm{Ker}(\sigma)$，即 $f(x)\in\mathbb{Q}[x]$ 且 $\sigma(f(x))=f(\sqrt{2})=0$. 由带余除法，存在 $q(x), r(x)\in\mathbb{Q}[x]$，使得

$$f(x)=(x^2-2)q(x)+r(x),\tag{2-3-1}$$

其中 $r(x)=0$ 或者 $\deg r(x)<2$.

假设 $r(x)\neq0$, $\deg r(x)<2$，所以 $r(x)=a+bx$ $(a,b\in\mathbb{Q})$，将 $x=\sqrt{2}$ 代入式(2-3-1)，得

$$f(\sqrt{2})=0+r(\sqrt{2})=a+b\sqrt{2}.$$

由假设 $f(\sqrt{2})=0$,得 $a+b\sqrt{2}=0$,从而 $a=b=0$,故 $r(x)=0$,与假设 $r(x)\neq 0$ 矛盾. 所以 $r(x)=0$. 因此

$$f(x)=(x^2-2)q(x)\in(x^2-2)\mathbb{Q}[x],$$

因而 $\mathrm{Ker}(\sigma)\subseteq(x^2-2)\mathbb{Q}[x]$,故 $\mathrm{Ker}(\sigma)=(x^2-2)\mathbb{Q}[x]=(x^2-2)$. 由定理 2.3.2 有环同态

$$\mathbb{Q}[x]/(x^2-2)\cong\mathbb{Q}[\sqrt{2}].$$

定理 2.3.9(挖补定理) 设 $(R,+,\cdot)$ 和 $(S',+',\cdot')$ 是环,S 是 R 的子环. 假设 f 是环 S 到环 S' 的一个同构且 $S'\cap(R\backslash S)=\varnothing$,则存在环 $(R',\oplus,\odot)$ 使得 S' 是 R' 的子环,且存在环 R 到 R' 的一个同构 $\bar{f}$,使得 $\bar{f}|_S=f$.

证明 令 $R'=(R\backslash S)\cup S'$(即 R' 是从 R 中挖出 S 再补上 S' 得到的). 作映射

$$\bar{f}: R\to R'$$
$$r\mapsto\begin{cases}f(r), & r\in S,\\ r, & r\in R\backslash S.\end{cases}$$

由于 f 是 S 到 S' 的一个一一对应且 $S'\cap(R\backslash S)=\varnothing$,所以 $\bar{f}$ 是 R 到 R' 的一个一一对应.

对 $\forall r_1',r_2'\in R'$,由于 $\bar{f}$ 是一一对应,所以存在唯一的 $r_1,r_2\in R$,使得 $r_1'=\bar{f}(r_1)$,$r_2'=\bar{f}(r_2)$. 规定

$$r_1'\oplus r_2'=\bar{f}(r_1+r_2),$$
$$r_1'\odot r_2'=\bar{f}(r_1\cdot r_2),$$

则易见 $\oplus$,$\odot$ 是 R' 上的代数运算,$(R',\oplus,\odot)$ 构成一个环且 S' 是 R' 的子环(于是,R' 的环运算是由 R 的环运算通过一一对应 $\bar{f}$ 诱导过来的). 由于对 $\forall r_1,r_2\in R$ 有

$$\bar{f}(r_1+r_2)=\bar{f}(r_1)\oplus\bar{f}(r_2),$$
$$\bar{f}(r_1\cdot r_2)=\bar{f}(r_1)\odot\bar{f}(r_2),$$

所以 $\bar{f}$ 是 R 到 R' 的环同构且 $\bar{f}|_S=f$. □

根据挖补定理,设 S,R 是环,假设存在 R 到 S 的一个单同态 f 且 $R\cap(S\backslash f(R))=\varnothing$,则对 $\forall a\in R$,把 a 等同于 $f(a)$,R 可看作是 S 的子环.

例 2.3.10 对于数域 $\mathbb{P}$ 和 $\mathbb{P}$ 上的多项式环 $\mathbb{P}[x]$,令 P 是 $\mathbb{P}[x]$ 中的零次多项式构成的集合,则 P 是 $\mathbb{P}[x]$ 的子环. 在 $\mathbb{P}$ 与 P 之间有一个环同构(把数 a 与零次多项式 a 对应),根据挖补定理,若把 $\mathbb{P}$ 与 P 等同,即把数 a 等同于零次多项式 a(事实上,在高等代数中就是这样做的),$\mathbb{P}$ 可看作是 $\mathbb{P}[x]$ 的子环.

类似于群的直积,我们可以定义两个环的直和. 设 R_1,R_2 是环,在集合 $R_1\times$

R_2 上定义加法和乘法

$$(a_1,b_1)+(a_2,b_2)=(a_1+a_2,b_1+b_2)\quad (a_i\in R_1,b_i\in R_2,i=1,2),$$
$$(a_1,b_1)\cdot(a_2,b_2)=(a_1a_2,b_1b_2),$$

则易证 $R_1\times R_2$ 对于如上定义的加法和乘法构成一个环,称之为环 R_1,R_2 的**直和**,记为 $R_1\oplus R_2$. 其零元为$(0,0)$,对于元素(a_1,b_1),其负元为$(-a_1,-b_1)$. 若令

$$\widetilde{R}_1=\{(a,0)\mid a\in R_1\},\widetilde{R}_2=\{(0,b)\mid b\in R_2\},$$

则易证 $\widetilde{R}_1,\widetilde{R}_2$ 均为 $R_1\oplus R_2$ 的理想且有 $\widetilde{R}_1\cong R_1,\widetilde{R}_2\cong R_2$.

环的直和也可以推广到任意有限个环的情形.

作为直和与环的同态基本定理的应用,这里特别地介绍著名的中国剩余定理.

定理 2.3.11(中国剩余定理) 设 R 为含幺非零环,$I_1,I_2,\cdots,I_n$ 为环 R 的理想,且 $I_i+I_j=R(i\neq j)$,则

$$R/(I_1\cap\cdots\cap I_n)\cong R/I_1\oplus R/I_2\oplus\cdots\oplus R/I_n.$$

证明 作映射

$$\varphi:R\to R/I_1\oplus R/I_2\oplus\cdots\oplus R/I_n,$$
$$r\mapsto(r+I_1,r+I_2,\cdots,r+I_n).$$

易证 φ 是环同态. 现在证明 φ 是满同态. 由于

$$I_1+I_2=I_1+I_3=R,\quad 1\in R,$$

从而

$$R=R^2=(I_1+I_2)(I_1+I_3)=I_1^2+I_1I_3+I_2I_1+I_2I_3\subseteq I_1+I_2I_3\subseteq R,$$

由此 $I_1+I_2I_3=R$. 再将 $I_1+I_2I_3$ 与 I_1+I_4 相乘,得 $I_1+I_2I_3I_4=R$,重复这一过程,得 $I_1+I_2I_3I_4\cdots I_n=R$. 于是有 $a\in I_1$, $b\in I_2I_3I_4\cdots I_n$,使得 $a+b=1$. 令 $r_1=1-a=b$,则

$$\varphi(r_1)=(1+I_1,I_2,I_3,\cdots,I_n).$$

同样地,对每个 $k(2\leqslant k\leqslant n)$,都可求出 $r_k\in R$,使得

$$\varphi(r_k)=(I_1,\cdots,I_{k-1},1+I_k,I_{k+1},\cdots,I_n).$$

对于 $R/I_1\oplus R/I_2\oplus\cdots\oplus R/I_n$ 中每个元素

$$a=(a_1+I_1,a_2+I_2,\cdots,a_n+I_n)(a_i\in R),$$

令 $r=a_1r_1+\cdots+a_nr_n\in R$,即知 $\varphi(r)=a$,从而 φ 是满同态得证. 再求 $\mathrm{Ker}(\varphi)$. 因为

$$r\in\mathrm{Ker}(\varphi)\Leftrightarrow r\in I_i(1\leqslant i\leqslant n)\Leftrightarrow r\in I_1\cap I_2\cap\cdots\cap I_n.$$

所以

$$\mathrm{Ker}(\varphi)=I_1\cap I_2\cap\cdots\cap I_n.$$

由环的同态基本定理 2.3.2,得

$$R/(I_1 \cap \cdots \cap I_n) \cong R/I_1 \oplus R/I_2 \oplus \cdots \oplus R/I_n. \qquad \square$$

注意,若取 $R=\mathbb{Z}$,由于 $\mathbb{Z}$ 是主理想整环,其非平凡理想有形式 $n\mathbb{Z}(n\geqslant 2)$,并且 $n\mathbb{Z}+m\mathbb{Z}=(n,m)\mathbb{Z}$,$n\mathbb{Z}\cap m\mathbb{Z}=[n,m]\mathbb{Z}$,因此 $n\mathbb{Z}+m\mathbb{Z}=\mathbb{Z}$ 相当于 n 和 m 互素. 如果 $m_1,m_2,\cdots,m_n$ 两两互素,则

$$m_1\mathbb{Z}\cap m_2\mathbb{Z}\cap\cdots\cap m_n\mathbb{Z}=[m_1,m_2,\cdots,m_n]\mathbb{Z}=m_1m_2\cdots m_n\mathbb{Z},$$

从而由定理 2.3.11 有下面的推论.

推论 2.3.12 设 $m_1,m_2,\cdots,m_n$ 是两两互素的正整数,则有环同构

$$\mathbb{Z}/m_1m_2\cdots m_n\mathbb{Z}\cong\mathbb{Z}/m_1\mathbb{Z}\oplus\mathbb{Z}/m_2\mathbb{Z}\oplus\cdots\oplus\mathbb{Z}/m_n\mathbb{Z}.$$

习题 2.3

1. 设 f 是环 R 到环 R' 的同态,证明:$\mathrm{Ker}(f)$ 是 R 的理想.

2. 设 f 是环 R 到环 R' 的同构,证明:f^{-1} 是环 R' 到环 R 的同构.

3. 设 $(R,+,\cdot)$ 是含幺环,对于 $a,b\in R$,定义 $a\oplus b=a+b+1$,$a\odot b=ab+a+b$,试证:$(R,\oplus,\odot)$ 也是含幺环,并且与环 $(R,+,\cdot)$ 同构.

4. 由习题 2.1 第 4 题知,$R=\left\{\begin{pmatrix} a & b \\ -b & a \end{pmatrix} \middle| a,b\in\mathbb{R}\right\}$ 不仅是 $M_2(\mathbb{R})$ 的子环,而且是域. 作映射

$$f:\ \mathbb{C}\to R$$
$$a+b\mathrm{i}\mapsto\begin{pmatrix} a & b \\ -b & a \end{pmatrix},$$

证明:$\mathbb{C}\cong R$.

5. 设 R 是一个环,I,J 均为 R 的理想,若 $I\subseteq J$,证明:

$$(R/I)/(J/I)\cong R/J.$$

6. 证明:$\mathbb{Z}[x]/(x)\cong\mathbb{Z}$.

7. 设 I,J 是环 R 的理想,假设 $R=I+J$ 且 $I\cap J=\{0\}$(此时称 R 是 I 和 J 的内直和),证明:$R\cong I\oplus J$.

8. 设 $\mathbb{R}[x]$ 是实数域 $\mathbb{R}$ 上的一元多项式环,(x^2+1) 是由多项式 x^2+1 生成的理想,证明:

$$\mathbb{R}[x]/(x^2+1)\cong\mathbb{R}[\mathrm{i}]=\mathbb{C}.$$

§2.4 多项式环

在高等代数中我们学过数域 $\mathbb{P}$ 上的多项式环. 本节我们讨论一般含幺环 R 上多项式环及其性质. 首先从含幺环 R 上构造多项式.

定义 2.4.1 设 R 是含幺环,文字 x 是一个(与 R 无关的)不定元,形如

$$a_0 + a_1 x + \cdots + a_{n-1}x^{n-1} + a_n x^n \quad (a_i \in R,\ 0 \leqslant i \leqslant n)$$

的表达式称为 R 上 x 的**多项式**,记为 $f(x)$. 称 a_i 为多项式 $f(x)$ 的**系数**. 若 $a_n \neq 0$,则称 $a_n x^n$ 为 $f(x)$ 的**首项**,a_n 为**首项系数**,n 为 $f(x)$ 的**次数**,记为 $\deg(f(x)) = n$.

注意,(1) 若 $f(x)$ 的一个系数 a_i 为 0,通常将 $a_i x^i$ 项略去不写;(2) 将所有系数都为零的多项式规定它们彼此相等,记为 0,并规定 $\deg(0) = -\infty$;(3) 对于多项式 $f(x) = \sum\limits_{i=0}^{n} a_i x^i$ 和 $g(x) = \sum\limits_{j=0}^{m} b_j x^j$,$f(x) = g(x)$ $(a_n \neq 0, b_m \neq 0)$ 意指它们对应项的系数相同而且项数相等. 即 $a_i = b_i$ 且 $n = m$ $(0 \leqslant i \leqslant n)$.

若用 $R[x]$ 表示所有多项式的集合,即

$$R[x] = \{f(x) = a_0 + a_1 x + \cdots + a_n x^n \mid a_i \in R, 0 \leqslant i \leqslant n\}.$$

现在 $R[x]$ 上定义加法"+"和乘法"·"运算. 对于 $\forall f(x), g(x) \in R[x]$,

$$\begin{aligned} f(x) + g(x) &= (a_0 + a_1 x + \cdots + a_n x^n) + (b_0 + b_1 x + \cdots + b_m x^m) \\ &= (a_0 + b_0) + (a_1 + b_1)x + \cdots \\ &= \sum_{k=0}^{\max(n,m)} (a_k + b_k)x^k \quad (\text{当 } k > n \text{ 时,令 } a_n = 0), \end{aligned}$$

$$\begin{aligned} f(x)g(x) &= (a_0 + a_1 x + \cdots + a_n x^n)(b_0 + b_1 x + \cdots + b_m x^m) \\ &= a_0 b_0 + (a_0 b_1 + a_1 b_0)x + \cdots = \sum_{k=0}^{n+m} c_k x^k,\ c_k = \sum_{i+j=k} a_i b_j, \end{aligned}$$

易验证 $R[x]$ 关于上面的"+"与"·"构成环.

定义 2.4.2 $R[x]$ 关于如上定义的加法和乘法构成一个环,称之为 R 上的(一元)**多项式环**.

不难看出:R 是 $R[x]$ 的一个子环. 若 R 为交换环,则 $R[x]$ 也为交换环;若 R 为含幺环,则 $R[x]$ 也为含幺环,且 $R[x]$ 的幺元就是 R 的幺元. 对于一般环 R,若 $f(x), g(x) \in R[x]$,$f(x) \neq 0$,$g(x) \neq 0$ 未必有 $f(x)g(x) \neq 0$. 从而 $\deg(f(x)g(x)) = \deg(f(x)) + \deg(g(x))$ 也未必成立. 因为 $a, b \in R$,$a \neq 0$,$b \neq 0$ 可能有 $ab = 0$.

命题 2.4.3 设 R 为无零因子环,则 $R[x]$ 也为无零因子环. 且对于 $f(x)$,$g(x) \in R[x]$,有

$$\deg(f(x)g(x)) = \deg(f(x)) + \deg(g(x)).$$

证明 设 $f(x),g(x)\in R[x]$,且 $f(x)\neq 0,g(x)\neq 0$,

由

$$f(x)=a_0+a_1x+\cdots+a_nx^n,\ a_n\neq 0,\deg(f(x))=n,$$

$$g(x)=b_0+b_1x+\cdots+b_mx^m,\ b_m\neq 0,\deg(g(x))=m,$$

$$f(x)g(x)=a_nb_mx^{n+m}+\text{低次项}.$$

因为 R 无零因子,所以 $a_nb_m\neq 0$,从而 $f(x)g(x)\neq 0$,故 $R[x]$为无零因子环.

由 $a_nb_m\neq 0$,从而 $\deg(f(x)g(x))=n+m=\deg(f(x))+\deg(g(x))$. □

由于整环是含幺、交换、无零因子的非零环,从而有下面推论.

推论 2.4.4 设 R 是整环,则 $R[x]$也是整环.

命题 2.4.5 设 R 是整环,则 $U(R[x])=U(R)$.

证明 设 $f(x)\in U(R[x])$,则存在 $g(x)\in R[x]$,使得 $f(x)g(x)=1$. 由命题 2.4.3 知, $\deg(f(x))+\deg(g(x))=0$,故 $\deg(f(x))=\deg(g(x))=0$. 从而 $f(x)=a,g(x)=b\ (a,b\in R\backslash\{0\})$,于是,$ab=1$,即 $f(x)=a\in U(R)$,故 $U(R[x])\subseteq U(R)$. 反之,R 中的单位显然是 $R[x]$中的单位. $U(R)\subseteq U(R[x])$,故 $U(R[x])=U(R)$. □

在高等代数中我们学过数域 $\mathbb{P}$ 上多项式环的带余除法. 现在我们将带余除法推广至一般环上.

定理 2.4.6(带余除法) 设 R 是含幺非零环(未必交换),$f(x),g(x)\in R[x]$且 $g(x)$的首项系数是 R 的单位,则存在唯一的 $q(x),r(x)\in R[x]$,使得

$$f(x)=q(x)g(x)+r(x),\ \text{其中}\ \deg(r(x))<\deg(g(x)).$$

证明 (存在性) $f(x)=a_0+a_1x+\cdots+a_nx^n\quad(a_n\neq 0)$,

$$g(x)=b_0+b_1x+\cdots+b_mx^m\quad(b_m\in U(R)),$$

对 n 用数学归纳法. 若 $n<m$,则取 $q(x)=0,r(x)=f(x)$. 若 $n\geqslant m$,

当 $n=0$,则 $m=0$. 此时取 $q=a_0b_0^{-1},r=0$ 即可.

当 $n\geqslant 1$,则 $f(x)-a_nb_m^{-1}x^{n-m}g(x)$的次数小于 n. 由归纳法知存在 $q_1(x)$,$r(x)\in R[x]$,使得

$$f(x)-a_nb_m^{-1}x^{n-m}g(x)=q_1(x)g(x)+r(x),\text{其中}\ \deg(r(x))<\deg(g(x)).$$

取

$$q(x)=a_nb_m^{-1}x^{n-m}+q_1(x),$$

则

$$f(x)=q(x)g(x)+r(x).$$

(唯一性)若

$$f(x)=q(x)g(x)+r(x)=q'(x)g(x)+r'(x)\tag{2-4-1}$$

其中 $\deg(r(x))<\deg(g(x)),\deg(r'(x))<\deg(g(x))$. 由式(2-4-1),有

$$(q(x)-q'(x))g(x)=r'(x)-r(x),$$

若 $q(x)\neq q'(x)$，又由 $g(x)$ 的首项系数是 R 的单位，故有

$$\begin{aligned}\deg(q(x)-q'(x))+\deg(g(x))&=\deg(r'(x)-r(x))\\&\leqslant\max\{\deg(r'(x)),\deg(r(x))\}\\&<\deg(g(x)).\end{aligned}$$

从而 $\deg(q(x)-q'(x))<0$，矛盾. 故 $q(x)=q'(x)$，$r(x)=r'(x)$. □

定义 2.4.7 设 R 是交换环 E 的子环，

$$f(x)=a_0+a_1x+\cdots+a_{n-1}x^{n-1}+a_nx^n\in R[x],$$

对 $\forall a\in E$，令

$$f(a)=a_0+a_1a+\cdots+a_{n-1}a^{n-1}+a_na^n\in E,$$

称 $f(a)$ 为多项式 $f(x)$ **在 a 处的值**，或叫将 $x=a$ 代入 $f(x)$ 而得到的值. 如果 $f(a)=0$，则称 a 为 $f(x)$ 在环 E 上的一个**根（或零点）**.

例 2.4.8 找出 $\mathbb{Z}_8$ 上 2 次多项式 $x^2-\bar{1}$ 的所有根.

$\mathbb{Z}_8=\{\bar{0},\bar{1},\bar{2},\bar{3},\bar{4},\bar{5},\bar{6},\bar{7}\}$，设 $f(x)=x^2-\bar{1}$，经直接验算，

$f(\bar{1})=f(\bar{3})=f(\bar{5})=f(\bar{7})=\bar{0}$，而 $f(\bar{i})=\bar{i}^2-\bar{1}\neq\bar{0}$ $(\bar{i}=\bar{0},\bar{2},\bar{4},\bar{6})$，从而可知在 $\mathbb{Z}_8$ 内共有 4 个根：$\bar{1},\bar{3},\bar{5},\bar{7}$，而且这 4 个根恰为 $\mathbb{Z}_8$ 的单位群中的全部元素.

推论 2.4.9（余数定理） 设 R 是含幺非零交换环，$f(x)\in R[x]$，$c\in R$，则存在唯一的 $q(x)\in R[x]$，使得

$$f(x)=q(x)(x-c)+f(c).$$

特别地，c 是 $f(x)$ 的根 $\Leftrightarrow$ 存在 $q(x)\in R[x]$，使得 $f(x)=q(x)(x-c)$.

证明 由定理 2.4.6 知存在唯一的 $q(x)\in R[x]$，$r\in R$，使得

$$f(x)=q(x)(x-c)+r. \tag{2-4-2}$$

（注意，由于 $\deg(r(x))<\deg(g(x))=\deg(x-c)=1$，故 $r(x)=r$）

将 $x=c$ 直接代入式(2-4-2)，$f(c)=q(c)(c-c)+r$，从而得 $r=f(c)$，故有

$$f(x)=q(x)(x-c)+f(c).$$

若 c 是 $f(x)$ 的根即 $f(c)=0$，故有 $f(x)=q(x)(x-c)$. □

例 2.4.10 在 $\mathbb{Z}_3$ 中找出 x^3+2x+2 的所有根.

设 $f(x)=x^3+2x+2$，而 $\mathbb{Z}_3=\{\bar{0},\bar{1},\bar{2}\}$，经验算 $f(\bar{0})=f(\bar{1})=f(\bar{2})=\bar{2}$，故多项式 x^3+2x+2 在 $\mathbb{Z}_3$ 中没有根.

与在 R 上构造一元多项式环 $R[x]$ 类似，我们在 $R[x]$ 上构造一元多项式环 $R[x][y]$，称其为**二元多项式环**，记为 $R[x,y]$，即 $R[x,y]=R[x][y]$. 以此类推，在 $R[x_1,x_2,\cdots,x_{n-1}]$ 上构造一元多项式环 $R[x_1,x_2,\cdots,x_{n-1}][x_n]$，即得 $\boldsymbol{n}$

元多项式环：

$$R[x_1,x_2,\cdots,x_{n-1},x_n]=R[x_1,x_2,\cdots,x_{n-1}][x_n]=R[x_1][x_2]\cdots[x_n].$$

习题 2.4

1. 在 $\mathbb{Z}_6[x]$ 中计算 $f(x)=2x-5, g(x)=2x^4-3x+3$ 的乘积.

2. 在 $\mathbb{Z}_7$ 中找出 x^3+2x+2 的所有根.

3. 设 R 是整环,证明:$R[x]$ 也是整环.

4. 举例说明,存在环 R 及 $f(x),g(x)\in R[x]$,使得 $f(x)\neq 0,g(x)\neq 0$,但是 $f(x)g(x)=0$.

§2.5 素理想与极大理想

在这一节,我们讨论素理想与极大理想这两类重要的理想,并通过它们来刻画环的特性.

定义 2.5.1 设 R 是交换环,I 是 R 的真理想(即 $I\neq R$),对 $\forall a,b\in R$,若 $ab\in I$,必有 $a\in I$ 或 $b\in I$,则称 I 为 R 的**素理想**.

易见,I 是 R 的素理想⇔若 $a\notin I,b\notin I$,则 $ab\notin I$.

例 2.5.2 设 p 为素数,则 (p) 是整数环 $\mathbb{Z}$ 的一个素理想.

因为 p 为素数,故 (p) 是 $\mathbb{Z}$ 的真理想. 对 $\forall a,b\in\mathbb{Z}$,若 $ab\in(p)$,则存在 $c\in\mathbb{Z}$,有 $ab=pc$,从而 $p|ab$. 由于 p 是素数,故 $p|a$ 或 $p|b$. 于是 $a\in(p)$ 或 $b\in(p)$,所以 (p) 是 $\mathbb{Z}$ 的一个素理想.

例 2.5.3 (6)不是整数环 $\mathbb{Z}$ 的素理想.

由于 $2\notin(6),3\notin(6)$,而 $2\cdot 3=6\in(6)$,故(6)不是 $\mathbb{Z}$ 的素理想.

例 2.5.4 讨论剩余类环 $\mathbb{Z}_4=\{\bar{0},\bar{1},\bar{2},\bar{3}\}$ 的素理想.

易见,$\mathbb{Z}_4$ 只有 3 个理想. 分别为:$I_1=\{\bar{0}\}, I_2=\{\bar{0},\bar{2}\}, I_3=\{\bar{0},\bar{1},\bar{2},\bar{3}\}=\mathbb{Z}_4$. 现在考虑 $\mathbb{Z}_4$ 的 2 个真理想 I_1 和 I_2. 由于 $\mathbb{Z}_4$ 有零因子 $\bar{2}$,所以 I_1 不是 $\mathbb{Z}_4$ 的素理想(因为 $\bar{2}\notin I_1$,而 $\bar{2}\cdot\bar{2}=\bar{0}\in I_1$). 对于 I_2,若 $\forall \bar{a},\bar{b}\in\mathbb{Z}_4$ 且 $\bar{a}\bar{b}\in I_2$,则 $\bar{a},\bar{b}$ 中必有一个为 $\bar{0}$ 或 $\bar{2}$,因此有 $\bar{a}\in I_2$ 或 $\bar{b}\in I_2$,从而 I_2 是 $\mathbb{Z}_4$ 的素理想.

下面讨论素理想与整环的关系.

定理 2.5.5 设 R 是含幺非零交换环,I 是 R 的真理想,则

$$I\text{ 是 }R\text{ 的素理想}\Leftrightarrow R/I\text{ 是整环}.$$

证明 设 I 是 R 的素理想,由于 R 是含幺非零交换环,易知 R/I 也是含幺

非零交换环. 为了证明 R/I 是整环, 只需证明 R/I 中无零因子即可. 对 $\forall \bar{a}, \bar{b} \in R/I$, 若 $\bar{a}\bar{b}=\bar{0}$, 即 $\overline{ab}=\bar{0}$, 所以 $ab \in I$. 由于 I 是素理想, 故 $a \in I$ 或 $b \in I$, 即 $\bar{a}=\bar{0}$ 或 $\bar{b}=\bar{0}$, 从而 R/I 无零因子, 故 R/I 是整环.

反之, 设 R/I 是整环, 对 $\forall a, b \in R$, 若 $ab \in I$, 则 $\overline{ab}=\bar{0}$, 即 $\bar{a}\bar{b}=\bar{0}$, 由于 R/I 是整环, 因此 $\bar{a}=\bar{0}$ 或 $\bar{b}=\bar{0}$, 即 $a \in I$ 或 $b \in I$, 从而 I 是 R 的素理想. □

由此可见, 对于一个含幺非零交换环 R, 则

$$\{0\} \text{是} R \text{的素理想} \Leftrightarrow R \text{是整环}.$$

再回到例 2.5.4, 显然 $\mathbb{Z}_4$ 不是整环(因为有零因子 $\bar{2}$), 所以 $I_1=\{\bar{0}\}$ 不是 $\mathbb{Z}_4$ 的素理想.

下面给出另一个重要的理想——极大理想.

定义 2.5.6 设 R 是环(不一定交换), I 是 R 的真理想, 若 J 是 R 的理想且 $J \supseteq I$, 则必有 $J=I$ 或 $J=R$, 那么称 I 为 R 的**极大理想**.

换言之, 若 I 是 R 的极大理想, 则在 I 与 R 之间不存在异于 I, R 的理想.

例 2.5.7 设 p 为素数, 则 (p) 是整数环 $\mathbb{Z}$ 的极大理想.

因为 p 为素数, 故 (p) 是 $\mathbb{Z}$ 的真理想. 若 J 是 $\mathbb{Z}$ 的理想且 $J \supsetneqq (p)$, 则有 $n \in J$, 但 $n \notin (p)$, 故 $p \nmid n$. 又因为 p 是素数, 所以 $(p,n)=1$. 从而存在 $u, v \in \mathbb{Z}$, 使得 $up+vn=1$, 而 $up+vn \in J$, 故 $1 \in J$, 因此 $J=\mathbb{Z}$, (p) 是 $\mathbb{Z}$ 的极大理想.

下面讨论极大理想与域的关系.

定理 2.5.8 设 R 是含幺非零交换环, I 是 R 的理想, 则

$$I \text{是} R \text{的极大理想} \Leftrightarrow R/I \text{是一个域}.$$

证明 设 I 是 R 的极大理想, 由 $I \neq R$ 知 R/I 中至少含有两个元素, 任取 $\bar{a} \in R/I$ 且 $\bar{a} \neq \bar{0}$, 则 $a \notin I$. 由于 $(a)+I$ 也是 R 的理想, 且 $(a)+I \supsetneqq I$, 又 I 是 R 的极大理想, 所以 $(a)+I=R$. 于是存在 $b \in R, c \in I$ 使得 $ab+c=1$, 即有

$$\overline{ab+c}=\overline{ab}+\bar{c}=\overline{ab}=\bar{a}\bar{b}=\bar{1} \quad (\text{注意 } c \in I, \text{故 } \bar{c}=\bar{0}),$$

所以 R/I 中的每个非零元都有逆元. 又 R/I 是含幺非零交换环, 故 R/I 是一个域.

反之, 设 R/I 是一个域, 则 $I \neq R$. 设 $J(\supsetneqq I)$ 是 R 的理想, 则存在 $a \in J$, 但 $a \notin I$, 于是 $\bar{a}$ 是 R/I 的一个非零元, 由 R/I 是域知, 存在 $\bar{b} \in R/I$, 使得 $\bar{a}\bar{b}=\bar{1}$, 即 $\overline{ab-1}=\bar{0}$, 所以 $ab-1 \in I \subset J$, 又 $ab \in J$, 故 $1 \in J$, 从而 $J=R$, I 是 R 的极大理想. □

由此可见, 对于一个含幺非零交换环 R, 则

$$\{0\} \text{是} R \text{的极大理想} \Leftrightarrow R \text{是域}.$$

注意, 定理 2.5.8 从另一个角度告诉我们: 对于含幺非零交换环 R, 当给出它的一个极大理想 I, 便可得到一个与之相关的域 R/I. 如, 由素数 p 生成的主

理想(p)是整数环$\mathbb{Z}$的极大理想(例 2.5.7),则$\mathbb{Z}/(p)(=\mathbb{Z}_p)$是域.这是从极大理想角度出发再次说明了$\mathbb{Z}_p$是域(例 2.1.10 是从定义出发证明了$\mathbb{Z}_p$是域.而例 2.2.11 是说明$\mathbb{Z}/(p)=\mathbb{Z}_p$).

对于含幺非零交换环R,由I是R的极大理想$\Rightarrow R/I$是域$\Rightarrow R/I$是整环$\Rightarrow I$是R的素理想,故有如下推论.

推论 2.5.9 设R是含幺非零交换环,则R的极大理想一定是素理想.

但是素理想不一定是极大理想.

例 2.5.10 $\mathbb{Z}[x]$是含幺非零交换环,(x)是其理想,由于$\mathbb{Z}[x]/(x)\cong\mathbb{Z}$(习题 2.3 第 6 题)是整环不是域,所以$(x)$是$\mathbb{Z}[x]$的素理想而不是极大理想.

注意,定理 2.5.5 和定理 2.5.8 不仅阐述了素理想与整环,极大理想与域之间的关系,更重要的是它们开辟了从素理想,极大理想构造新整环,新域的基本途径.这也是下一章我们要用到的.

再论极大理想与素理想,一个自然问题是对于一个环,什么条件下其极大理想、素理想一定存在? 为了说明这个问题,我们要用到集合论中一个非常重要的公理——佐恩(Zorn)引理.为此我们先做一些准备.

若非空集合S上有一个二元关系$\leqslant$满足:

(1) 自反性 $\forall a\in S$, $a\leqslant a$;

(2) 反对称性 若$a\leqslant b$且$b\leqslant a$,则$a=b$;

(3) 传递性 若$a\leqslant b$, $b\leqslant c$,则$a\leqslant c$,

则称S为带有**偏序关系**$\leqslant$的**偏序集**,记为$(S,\leqslant)$.

设$(S,\leqslant)$是一个偏序集,T为S的子集,若T中任意两个元素a,b均可比较(即$a\leqslant b$或$b\leqslant a$),则称T为S的一个**链**.

设$a\in S$,若$\forall x\in T$,都有$x\leqslant a$,则称a为T的一个**上界**;设$m\in S$,若$x\in S$,使得$m\leqslant x$,则必有$m=x$,则称m为S的**极大元**.

佐恩(Zorn)引理 如果偏序集$(S,\leqslant)$的任一链均有上界,则S中必有极大元.

定理 2.5.11 设R为含幺非零环,则R必存在极大理想.

证明 令S是由R的所有真理想构成的集合.对R的任意理想I,$I\in S\Leftrightarrow 1\notin I$.由$\{0\}\in S$,故$S\neq\varnothing$,且$S$关于集合的包含关系$(S,\subseteq)$构成一个偏序集.

设$T=\{I_\alpha\mid\alpha\in\Lambda\}$是$S$的任意一个链,令$I=\bigcup\limits_{\alpha\in\Lambda}I_\alpha$,则$I$是$R$的一个理想(类似例 2.2.6)且$1\notin I$,所以$I\in S$.又$\forall\alpha\in\Lambda$,都有$I_\alpha\subseteq I$,所以$I$是$T$的一个上界,由 Zorn 引理,$(S,\subseteq)$含有一个极大元,设为$M$,则$M$就是$R$的一个极大理想. □

含幺非零环R有极大理想,从而有素理想.

本节从素理想,极大理想到它们与整环,域的关系.关于整环它有一个非常重要的指标——特征.

定义 2.5.12 设 R 是整环,R 中的幺元 1 关于加法的阶称为 R 的特征,记为 $\mathrm{Char}(R)$. 即

$$\mathrm{Char}(R)=\min\{n>0 \mid n1=0\}.$$

如 $\mathrm{Char}(\mathbb{Z})=\infty$,$\mathrm{Char}(\mathbb{Z}_p)=p$.

命题 2.5.13 设 R 是整环,则 $\mathrm{Char}(R)$ 或者为∞,或者为素数.

证明 假设 $\mathrm{Char}(R)$ 有限,我们证明 $\mathrm{Char}(R)$ 是素数.

令 $\mathrm{Char}(R)=n$,则 $n>1$. 若 $n=n_1n_2$,$1<n_1,n_2<n$,则 $n_1 1\neq 0$,$n_2 1\neq 0$,而 $(n_1 1)(n_2 1)=n_1n_2 1=n1=0$. 这与 R 中没有零因子矛盾,所以 n 是素数. □

若 R 和 S 都是整环且 R 是 S 的子环,则 R 与 S 具有相同的特征.

最后介绍分式域. 我们知道,整数环 $\mathbb{Z}$ 中任两整数的商(除数不为零)可以得到一个域,即有理数域 $\mathbb{Q}=\left\{\frac{a}{b} \mid a,b\in\mathbb{Z},b\neq 0\right\}$. 现在我们从任一整环 D 出发,用类似于整数环 $\mathbb{Z}$ 构造有理数域 $\mathbb{Q}$ 的方式构造整环 D 的分式域.

设 D 为整环(即 D 是含幺、交换、无零因子的非零环),令

$$S=\{(a,b) \mid a,b\in D,b\neq 0\},$$

在 S 上定义一个关系"$\sim$":对 $\forall (a,b),(c,d)\in S$,

$$(a,b)\sim(c,d)\Leftrightarrow ad=bc,$$

(也可将 (a,b) 看成分数形式 $\frac{a}{b}$,即 $\frac{a}{b}\sim\frac{c}{d}\Leftrightarrow ad=bc$)

易证"$\sim$"是一个等价关系. 用 $\bar{S}$ 表示等价类集合,即

$$\bar{S}=\{\overline{(a,b)} \mid (a,b)\in S\},$$

并以 $\overline{(a,b)}$ 记作 (a,b) 所在的等价类,即

$$\overline{(a,b)}=\{(x,y) \mid (x,y)\sim(a,b),(x,y)\in S\}.$$

(当把 (a,b) 看成 $\frac{a}{b}$ 时,$\overline{(a,b)}$ 就相当于数值等于 $\frac{a}{b}$ 的不一定既约的所有分数)

在 $\bar{S}$ 上定义加法和乘法:

$$\overline{(a,b)}+\overline{(c,d)}=\overline{(ad+bc,bd)},$$

$$\overline{(a,b)}\cdot\overline{(c,d)}=\overline{(ac,bd)}.$$

下面说明该定义是合理的,即与代表元的选取无关. 也就是说

$$\begin{cases}\overline{(a,b)}=\overline{(a',b')}\\ \overline{(c,d)}=\overline{(c',d')}\end{cases}\Rightarrow\begin{cases}\overline{(ad+bc,bd)}=\overline{(a'd'+b'c',b'd')}\\ \overline{(ac,bd)}=\overline{(a'c',b'd')}\end{cases},$$

(这相当于同一个分数的不同表达式不会影响运算结果)

换言之,

$$\begin{cases}(a,b)\sim(a',b')\\(c,d)\sim(c',d')\end{cases}\Rightarrow\begin{cases}(ad+bc,bd)\sim(a'd'+b'c',b'd')\\(ac,bd)\sim(a'c',b'd')\end{cases}.$$

即要说明

$$\begin{cases}ab'=a'b\\cd'=c'd\end{cases}\Rightarrow\begin{cases}(ad+bc)b'd'=bd(a'd'+b'c')\\acb'd'=bda'c'\end{cases}.$$

由于

$$\begin{aligned}(ad+bc)b'd'&=adb'd'+bcb'd'=ab'dd'+bb'cd'\\&=a'bdd'+bb'c'd=bd(a'd'+b'c'),\end{aligned}$$

又

$$acb'd'=ab'cd'=a'bc'd=bda'c',$$

所以定义是合理的.

命题和定义 2.5.14 $\bar{S}$ 关于上述的加法和乘法构成一个域,称之为 D 的分式域(也称商域).

证明 易证 $\bar{S}$ 关于上述的加法和乘法构成含幺交换环,其幺元为 $\overline{(1,1)}$,零元为 $\overline{(0,b)}$. 对 $(\overline{(0,b)}\neq)\overline{(a,b)}\in\bar{S}$,可知 $a\neq0$,于是 $\overline{(b,a)}\in\bar{S}$ 是 $\overline{(a,b)}$ 的逆元. 故 $(\bar{S},+,\cdot)$ 是域. □

注意,作映射

$$\begin{aligned}f:D&\to\bar{S}\\a&\mapsto\overline{(a,1)},\end{aligned}$$

则 f 是 D 到 $\bar{S}$ 的单同态.

因为对 $\forall\, a,b\in D$

$$\begin{aligned}f(a+b)&=\overline{(a+b,1)}=\overline{(a,1)}+\overline{(b,1)}=f(a)+f(b)\\f(ab)&=\overline{(ab,1)}=\overline{(a,1)}\ \overline{(b,1)}=f(a)f(b),\end{aligned}$$

又

$$\mathrm{Ker}(f)=\{a\in D\,|\,\overline{(a,1)}=\overline{(0,1)}\}=\{a\in D\,|\,a=0\}=\{0\},$$

从而 f 是单射. 故 f 是单同态. 由挖补定理, D 可视为 $\bar{S}$ 的子环.

习题 2.5

1. 证明:$(\bar{2})$是 $\mathbb{Z}_{18}$ 的极大理想.
2. 分别求 $\mathbb{Z}_6$ 和 $\mathbb{Z}_{13}$ 的所有极大理想和素理想.

3. 设$R=2\mathbb{Z}=\{2n|n\in\mathbb{Z}\}$，证明：(4)不是$R$的素理想，但是$R$的极大理想. $R/(4)$是域吗？

4. 证明：商环$\mathbb{Z}_2[x]/(x^3+x+1)$是域，而商环$\mathbb{Z}_3[x]/(x^3+x+1)$不是域.

5. 证明：(x,n)是$\mathbb{Z}[x]$的极大理想$\Leftrightarrow n$是素数.

6. 设R是交换环，$P_1\supseteq P_2\supseteq\cdots$是$R$的素理想链，证明：$\bigcap_{i=1}^{\infty}P_i$是$R$的素理想.

7. 设R是含幺环，I是R的一个真理想，证明：存在R的极大理想M，使得$M\supseteq I$.

8. 设R是一个含幺交换环，P是R的真理想，证明：P是R的素理想$\Leftrightarrow$对R的任意两个理想I,J，若$IJ\subseteq P$，则有$I\subseteq P$或者$J\subseteq P$.

9. 设R和S均为含幺非零环，$f:R\to S$是环的满同态，$K=\mathrm{Ker}(f)$，证明：

(1) 若P是R的素理想并且$P\supseteq K$，则$f(P)$也是S的素理想；

(2) 若Q是S的素理想，则$f^{-1}(Q)=\{a\in R|f(a)\in Q\}$也是$R$的素理想；

(3) S中素理想与R中包含K的素理想是一一对应的.

将素理想改成极大理想，则以上三个论断也成立.

§2.6 主理想整环和欧氏环

本节讨论两种重要的整环：主理想整环和欧氏环. 下一节我们将看到主理想整环和欧氏环都是唯一分解整环.

定义 2.6.1 设R是一个整环，若R的每个理想都是主理想，则称R为**主理想整环**.

例 2.6.2 整数环$\mathbb{Z}$是主理想整环.

如例 2.2.8，整数环$\mathbb{Z}$的每个理想都是主理想，因此它是主理想整环.

例 2.6.3 域F上的多项式环$F[x]$是主理想整环.

设I为$F[x]$的任一理想，若$I=\{0\}$，则$I=(0)$是由0生成的主理想. 假设$I\neq\{0\}$，则I中含有非零多项式，令$h(x)$是I中次数最小的非零多项式，对$\forall f(x)\in I$，由带余除法知，存在$q(x),r(x)\in F[x]$，使得

$$f(x)=q(x)h(x)+r(x),\quad 其中\ r(x)=0\ 或\ \deg(r(x))<\deg(h(x)).$$

由$r(x)=f(x)-q(x)h(x)\in I$及$h(x)$的次数的最小性知必有$r(x)=0$，所以$f(x)=q(x)h(x)\in(h(x))$，从而$I=(h(x))$为主理想，$F[x]$是主理想整环.

对于一般含幺交换环，我们知道其极大理想一定是素理想，但反之不然. 下面命题说明了在主理想整环的条件下非零素理想一定是极大理想.

命题 2.6.4 设 R 是主理想整环，I 是 R 的非零真理想，则

$$I \text{ 是素理想} \Leftrightarrow I \text{ 是极大理想}.$$

证明 设 I 是 R 的素理想，$J(\supsetneqq I)$ 是 R 的一个理想. 由于 R 是主理想整环，所以存在 $a,b\in R$，使得 $I=(a)$，$J=(b)$，于是 $(b)\supsetneqq(a)$，故有 $c\in R$，使得 $a=bc\in I$. 而 I 是素理想，所以有 $b\in I$ 或 $c\in I$. 若 $b\in I$，则 $(b)\subseteq I$，这与 $(b)\supsetneqq I$ 矛盾，所以必有 $c\in I$，即 $c\in(a)$，故存在 $c_1\in R$，使得 $c=ac_1$，于是 $a=bc=bac_1$. 两边消去 a，得 $bc_1=1$，故 b 是单位，所以 $J=(b)=R$. I 是极大理想.

反之，设 I 是 R 的极大理想，由推论 2.5.9 即得. □

对于整数环 $\mathbb{Z}$ 有带余除法(即欧氏算法). 由定理 2.4.6 可知，域上多项式环 $F[x]$ 也有带余除法，现将这两种不同对象的共性抽象出来给出整环上具有"带余除法"的环——欧氏环.

定义 2.6.5 设 R 是一个整环，φ 是 R 的非零元的集合 $R^*=R\backslash\{0\}$ 到非负整数集合 $\mathbb{N}$(自然数集)的一个映射. 对 $\forall a,b\in R, b\neq 0$，都存在 $q,r\in R$，使得

$$a=qb+r,\ \text{其中 } r=0 \text{ 或 } \varphi(r)<\varphi(b) \qquad (*)$$

则称 (R,φ) 为**欧几里得环**，简称为**欧氏环** R，算式$(*)$为**欧氏算式**(或除法算式).

例 2.6.6 整数环 $\mathbb{Z}$ 是欧氏环.

作映射

$$\varphi:\ \mathbb{Z}^*\to\mathbb{N}$$
$$a\mapsto|a|,$$

由整数的带余除法，$\forall a,b\in\mathbb{Z}$，$b\neq 0$，存在 $q,r\in\mathbb{Z}$，使得

$$a=qb+r,\quad \text{其中 } r=0 \text{ 或 } |r|<|b|,$$

所以 $\mathbb{Z}$ 是欧氏环.

例 2.6.7 设 F 是域，则多项式环 $F[x]$ 是欧氏环.

作映射

$$\varphi:\ F[x]^*\to\mathbb{N}$$
$$f(x)\mapsto\deg(f(x)),$$

由多项式的带余除法，对 $\forall f(x),g(x)\in F[x]$，$g(x)\neq 0$，存在 $q(x),r(x)\in F[x]$，使得

$$f(x)=q(x)g(x)+r(x),$$

其中 $$r(x)=0 \text{ 或 } \deg(r(x))<\deg(g(x)),$$

所以 $F[x]$ 是欧氏环.

例 2.6.8 高斯整数环 $\mathbb{Z}[i]=\{a+bi\mid a,b\in\mathbb{Z}, i^2=-1\}$ 是欧氏环.

作映射

$$\varphi:\ \mathbb{Z}[\mathrm{i}]^* \to \mathbb{N}$$
$$\alpha = a + b\mathrm{i} \mapsto a^2 + b^2 = |\alpha|^2,\text{即 } \varphi(\alpha) = |\alpha|^2.$$

$\forall \alpha,\beta \in \mathbb{Z}[\mathrm{i}], \beta \neq 0$,令 $\alpha\beta^{-1} = x + y\mathrm{i} \in \mathbb{Q}[\mathrm{i}]$, 取 $a,b \in \mathbb{Z}$,使得 $c = x - a$, $d = y - b$,满足 $|c| \leqslant \frac{1}{2}, |d| \leqslant \frac{1}{2}$,于是有

$$\alpha = (a + b\mathrm{i})\beta + \gamma,\ \text{其中 } \gamma = (c + d\mathrm{i})\beta \in \mathbb{Z}[\mathrm{i}],\text{且}$$

$$\varphi(\gamma) = \varphi((c + d\mathrm{i})\beta) = \varphi(c + d\mathrm{i})\varphi(\beta) = (c^2 + d^2)\varphi(\beta) \leqslant \left(\frac{1}{4} + \frac{1}{4}\right)\varphi(\beta) < \varphi(\beta),$$

由定义知 $\mathbb{Z}[\mathrm{i}]$是欧氏环.

定理 2.6.9 欧氏环是主理想整环.

证明 设 E 是一个欧氏环,I 是 E 的任意一个理想.

若 $I = \{0\}$,则 $I = (0)$是由 0 生成的主理想;

若 $I \neq \{0\}$,令 $a \in I, a \neq 0$, 使得 $\varphi(a) = \min\{\varphi(x) \mid 0 \neq x \in I\}$,则对 $\forall\,(0 \neq) m \in I$,由于 E 是欧氏环,由欧氏算法存在 $q, r \in E$,使得

$$m = qa + r, \qquad \text{其中 } r = 0 \text{ 或 } \varphi(r) < \varphi(a).$$

因为 $r = m - qa \in I$,且 a 的取法即知 $r = 0$. 所以 $m = qa \in (a)$,从而 $I = (a)$. 这就证明了 E 是主理想整环. □

该定理证明所用的方法实际之前几次都用到过,如例 2.2.8,例 2.6.3.

习题 2.6

1. 证明:$\mathbb{Z}[x]$不是主理想整环.
2. 证明:域 F 是欧氏环.
3. 证明:整环 $\mathbb{Z}[\sqrt{-2}] = \{a + b\sqrt{-2} \mid a, b \in \mathbb{Z}\}$是欧氏环.
4. 设 R 是一个整环,令

$$f:\ \mathbb{Z} \to R$$
$$n \mapsto n1,$$

由于 $\mathbb{Z}$ 是主理想整环,所以存在 $n \geqslant 0$,使得 $\mathrm{Ker}(f) = (n)$. 证明:当 $n > 0$ 时, $\mathrm{Char}(R) = n$;当 $n = 0$ 时, $\mathrm{Char}(R) = \infty$.

§2.7 唯一分解整环

上一节我们对整环、主理想整环等进行了讨论. 而作为整环最具代表性又最简单的例子当属整数环 $\mathbb{Z}$. 我们知道,在初等数论中由整数环 $\mathbb{Z}$ 的整除性派生了

因子、倍元、公因子、公倍元、最大公因子、最小公倍元等概念，特别算术基本定理：每个大于1的整数都可以(不计次序)唯一地分解成一些素数的乘积. 本节我们将整数环的这些概念和性质推广到一般的整环上.

定义 2.7.1　设R为一个整环，$a,b\in R$，若存在$q\in R$，使得$a=bq$，则称b**整除**a，记为$b|a$. 此时称b是a的**因子**，a是b的**倍元**. 若b不能整除a，则记为$b\nmid a$. 若$a|b$且$b|a$，则称a与b**相伴**.

关于整除，显然有下面的性质.

(1) $a|b,\ b|c\Rightarrow a|c$；

(2) $c|a,\ c|b\Rightarrow c|(a\pm b)$；

(3) 若$a|b$，则对$\forall c\in R$都有$a|bc$；

(4) 对$\forall a\in R$，均有$a|0$；设$a|b$，若$a=0$，则$b=0$.

对于整除中的因子与倍元用主理想描述：

(5) $a|b\Leftrightarrow (b)\subseteq(a)$；

(6) a与b相伴$\Leftrightarrow (a)=(b)$；

(7) a与b相伴$\Leftrightarrow$存在单位ε，使得$a=\varepsilon b$.

证明　这里只证明(7)，其他留给读者证明.

设a与b相伴，由于$a|b$且$b|a$，故$b=aa_1$，$a=bb_1(a_1,b_1\in R)$，从而

$$a=aa_1b_1 \tag{2-7-1}$$

若$a=0$，则$b=aa_1=0$. 若$a\neq 0$，由于R是整环，式(2-7-1)两边可消去a，有$1=a_1b_1$，所以$a_1,b_1\in U(R)$，从而存在单位ε，使得$a=\varepsilon b$.

反之，若$\varepsilon\in U(R)$，使$a=\varepsilon b$，则$b=\varepsilon^{-1}a$，故$a|b$且$b|a$，即a与b相伴.　□

例 2.7.2　设$R=\mathbb{Z}$，$a,b\in\mathbb{Z}$，若a与b相伴，则$a=\pm b$.

由上面所述：a与b相伴$\Leftrightarrow$存在$\varepsilon\in U(\mathbb{Z})$，使得$a=\varepsilon b$. 而$U(\mathbb{Z})=\{\pm 1\}$，故$a$与$b$相伴$\Leftrightarrow a=\pm b$.

从例2.7.2看出，由于$U(\mathbb{Z})=\{\pm 1\}$，因此与每个非零整数a相伴的只有$\pm a$. 若限定为正整数时，则不同的正整数彼此不相伴，因而我们不谈“相伴”这一概念. 但是对于整环R，由于$U(R)$可能很大，所以“相伴”概念是需要的.

下面给出整环的平凡因子、真因子、既约元、素元等的概念.

定义 2.7.3　设R是一个整环，$a\in R$且$a\neq 0$，则R中的单位及a的相伴元都是a的因子，称为a的**平凡因子**，a的非平凡因子称为a的**真因子**.

易证，b为a的真因子$\Leftrightarrow (a)\subsetneq(b)\subsetneq R$.

定义 2.7.4　设R是一个整环，$a\in R$，$a\neq 0$，$a\notin U(R)$. 若a没有真因子，即a的因子只有单位和a的相伴元，则称a为**既约元(或不可约元)**.

关于既约元和极大主理想有下面的关系.

命题 2.7.5 设 R 是整环,$a,b\in R$,则

$$a\text{ 是既约元}\Leftrightarrow(a)\text{是非零的极大主理想}$$

证明 a 是既约元$\Leftrightarrow a\neq 0$ 且 $a\notin U(R)$,a 没有真因子.

$\Leftrightarrow(a)\neq\{0\}$且$(a)\neq R$,不存在 b,使得$(a)\subsetneqq(b)\subsetneqq R$.

$\Leftrightarrow(a)$是非零的极大主理想. □

定义 2.7.6 设 R 是一个整环,$p\in R$,$p\neq 0$,$p\notin U(R)$. 对 $\forall a,b\in R$,若 $p|ab$ 必有 $p|a$ 或者 $p|b$,则称 p 是 R 的**素元**.

对于整数环 $\mathbb{Z}$ 及域 F 上的多项式环 $F[x]$,其既约元和素元这两个概念是一致的,但是对于一般的整环则是不一致的.

命题 2.7.7 设 R 是一个整环,$p\in R$,$p\neq 0$,$p\notin U(R)$,则

$$p\text{ 是素元}\Rightarrow p\text{ 是既约元}.$$

证明 设 p 是素元,所以 $p\neq 0$ 且 $p\notin U(R)$. 设 a 是 p 的一个因子,则有 $b\in R^*$,使得 $p=ab$,因此有 $p|ab$. 由于 p 是素元,于是 $p|a$ 或 $p|b$. 若 $p|a$,又因 $a|p$,所以 p 与 a 相伴;若 $p|b$,则存在 $c\in R^*$,使得 $b=pc$,从而有 $p=ab=pac$,于是,消去 p 得 $1=ac$,即 a 是单位. 这说明 p 的因子或与 p 相伴,或是单位,所以 p 是既约元. □

此命题告诉我们:整环的素元必为既约元. 但是,反之未必,比如下面的例子.

例 2.7.8 已知整环 $\mathbb{Z}[\sqrt{-5}]=\{a+b\sqrt{-5}\mid a,b\in\mathbb{Z}\}$,试证 3 是 $\mathbb{Z}[\sqrt{-5}]$的既约元,但不是素元.

(1) 首先有这样一个事实:$U(\mathbb{Z}[\sqrt{-5}])=\{\pm 1\}$.

因为,若 $\varepsilon=a+b\sqrt{-5}$ 为 $\mathbb{Z}[\sqrt{-5}]$的单位,则存在 $\varepsilon'\in\mathbb{Z}[\sqrt{-5}]$,使得 $\varepsilon\varepsilon'=1$. 于是,(关于复数的模)$|\varepsilon|^2|\varepsilon'|^2=1$. 然而$|\varepsilon|^2$,$|\varepsilon'|^2$ 都是正整数,故 $|\varepsilon|^2=1$,即 $a^2+5b^2=1$. 所以 $b=0$,$a=\pm 1$,即 $\varepsilon=\pm 1$. 又显然± 1 是 $\mathbb{Z}[\sqrt{-5}]$ 的单位,故 $U(\mathbb{Z}[\sqrt{-5}])=\{\pm 1\}$.

(2) 3 是 $\mathbb{Z}[\sqrt{-5}]$的一个既约元.

因为 $3\neq 0$ 且 $3\notin U(\mathbb{Z}[\sqrt{-5}])=\{\pm 1\}$. 设 $3=\alpha\beta$,其中 $\alpha=a+b\sqrt{-5}$,$\beta=c+d\sqrt{-5}$,$\alpha,\beta\in\mathbb{Z}[\sqrt{-5}]$,则 $3^2=|\alpha|^2|\beta|^2$,即 $9=(a^2+5b^2)(c^2+5d^2)$. 然而 $|\alpha|^2=a^2+5b^2$,$|\beta|^2=c^2+5d^2$ 都是正整数,无论 a,b 怎么选取,都有$|\alpha|^2\neq 3$. 因此$|\alpha|^2=1$ 或$|\alpha|^2=9$. 若$|\alpha|^2=1$,则 $b=0$,$a=\pm 1$,故 $\alpha\in U(\mathbb{Z}[\sqrt{-5}])$,此时 β 与 3 相伴. 若$|\alpha|^2=9$,则$|\beta|^2=1$,从而 $d=0$,$c=\pm 1$,故 $\beta\in U(\mathbb{Z}[\sqrt{-5}])$,此时 α 与 3 相伴. 综上分析,由于 3 只有平凡因子,故 3 是既约元.

(3) 3 不是$\mathbb{Z}[\sqrt{-5}]$的素元.

因为$3|9=(2+\sqrt{-5})(2-\sqrt{-5})$，但是$3\nmid(2+\sqrt{-5})$且$3\nmid(2-\sqrt{-5})$. 所以 3 不是素元.

前面讲到$\mathbb{Z}$和$F[x]$的"素元＝既约元". 那么怎样的整环才有这样的结论呢? 换句话说,它的既约元是素元呢? 我们知道$\mathbb{Z}$和$F[x]$都是主理想整环,下面我们将看到,当R是主理想整环时其既约元也是素元. 为此我们先讨论整环中素元与素理想的关系.

命题 2.7.9 设R是整环,$p\in R$, $p\neq 0$,$p\notin U(R)$,则

$$p\text{ 是素元}\Leftrightarrow(p)\text{是素理想}.$$

证明 设p为R的素元,若$ab\in(p)$,则$p|ab$,由于p是素元,所以$p|a$或者$p|b$,即$a\in(p)$或者$b\in(p)$,故(p)为素理想.

反之,设(p)是R的素理想,若$p|ab(a,b\in R)$,则$ab\in(p)$,由于(p)是素理想,所以$a\in(p)$或者$b\in(p)$,即$p|a$或者$p|b$,所以p为素元. □

命题 2.7.10 设R是主理想整环,$p\in R$,$p\neq 0$,$p\notin U(R)$,则

$$p\text{ 是素元}\Leftrightarrow p\text{ 是既约元}.$$

证明 设p是R的素元,由于主理想整环是整环. 由命题 2.7.7,即得.

反之,设p是既约元,我们证明(p)是极大理想. 设$I(\supsetneqq(p))$是R的一个理想,由于R是主理想整环,所以存在$a\in R$,使得$I=(a)$. 于是,$(a)\supsetneqq(p)$,但由命题 2.7.5 知,则(p)是R的极大主理想,因而必有$(a)=R$,即$I=R$. 所以(p)是R的极大理想,从而(p)也是R的素理想,于是由命题 2.7.9,p是R的素元. □

现在我们开始讨论本节提出的核心问题——整环的因子分解问题. 即将整环的一个元素分解到不能再分的情形,也即分解成有限个既约元的乘积. 对于一般整环,因子分解可能不唯一且其任意两个元素可能不存在最大公因子. 为了确保分解的唯一性以及最大公因子的存在性,我们只有对整环加强条件. 为此给出唯一分解整环的定义、判定性质和最大公因子存在的定理.

注意,零元不能分解成既约元的乘积. 因为既约元是非零元,整环没有零因子,故零元不能表示成既约元的乘积. 同样,单位也不可能表示成既约元的乘积.

定义 2.7.11 设R是一个整环,若R满足下列条件:

(1) (存在性)对每一个元素$a\in R$,$a\neq 0$,$a\notin U(R)$,都可以表示成一些既约元的乘积. 即:

$$a=p_1p_2\cdots p_n,$$

其中$p_i(i=1,2,\cdots,n)$均为既约元(称$a=p_1p_2\cdots p_n$是a的一个**分解式**);

(2) (唯一性)若

$$a=p_1p_2\cdots p_n=q_1q_2\cdots q_m,$$

其中 $p_i,q_j(i=1,2,\cdots,n,\ j=1,2,\cdots,m)$均为既约元,则必有 $m=n$,且适当调换 q_j 的顺序后有 p_i 与 q_i 相伴,那么称 R 是一个**唯一分解整环**.

由此定义以及算术基本定理和多项式的因式分解定理可知,整数环 $\mathbb{Z}$ 和域 F 上的多项式环 $F[x]$都是唯一分解整环. 当然也有不是唯一分解整环的整环. 如下例:

例 2.7.12 整环$\mathbb{Z}[\sqrt{-5}]=\{a+b\sqrt{-5}\mid a,b\in\mathbb{Z}\}$不是唯一分解整环.

由例 2.7.8 知$U(\mathbb{Z}[\sqrt{-5}])=\{\pm 1\}$. 由于

$$6=2\times 3=(1+\sqrt{-5})(1-\sqrt{-5}),$$

而 $2,3,1+\sqrt{-5},1-\sqrt{-5}$都是$\mathbb{Z}[\sqrt{-5}]$的既约元(习题 2.7 第 5 题),所以$\mathbb{Z}[\sqrt{-5}]$不是唯一分解整环.

我们知道,在整环中素元一定是既约元,但是既约元未必是素元. 在主理想整环中既约元与素元是一致的,其实,在唯一分解整环中既约元与素元也是一致的.

命题 2.7.13 设 R 是一个唯一分解整环,$p\in R,p\neq 0,p\notin U(R)$,则

$$p \text{ 是素元} \Leftrightarrow p \text{ 是既约元}.$$

证明 设 p 是 R 的素元,因为 R 是整环,由命题 2.7.7,即得.

反之,设 p 是一个既约元,并且 $p\mid ab\ (a,b\in R)$,则存在 $c\in R$,使得 $ab=pc$.

若 a,b 中有一个等于 0,如:$a=0$,则 $p\mid a$,所以 p 是素元.

若 a,b 中有一个是单位,如:a 为单位,则 $b=p(ca^{-1})$,所以 $p\mid b$,故 p 是素元.

若 a,b 均不为零或单位,由于 p 是既约元,所以 c 也不是零或单位(读者自己验证). 由 R 是唯一分解整环,所以

$$a=p_1p_2\cdots p_s,\quad b=q_1q_2\cdots q_l,\quad c=r_1r_2\cdots r_t,$$

其中 $p_1,p_2,\cdots,p_s,q_1,q_2,\cdots,q_l,r_1,r_2,\cdots,r_t$ 均为既约元,于是

$$p_1p_2\cdots p_sq_1q_2\cdots q_l=pr_1r_2\cdots r_t,$$

由 R 的分解唯一性知,p 与某个 p_i 相伴或与某个 q_j 相伴. 若 p 与 p_i 相伴,则 $p\mid a$;若 p 与 q_j 相伴,则 $p\mid b$. 所以 p 为素元. □

对于一般整环,两个非零元不一定有最大公因子,但是唯一分解整环确保了最大公因子的存在. 为了下面的讨论,我们首先给出整环上最大公因子的定义.

定义 2.7.14 设 R 是一个整环,$a_1,a_2,\cdots,a_n\in R,d\in R$. 若 $d\mid a_i,i=1,2,\cdots,n$,则称 d 为 $a_1,a_2,\cdots,a_n$ 的一个**公因子**. 若 d 是 $a_1,a_2,\cdots,a_n$ 的公因子且 d' 也是$a_1,a_2,\cdots,a_n$ 的任一个公因子,则必有 $d'\mid d$,那么称 d 为 $a_1,a_2,\cdots,a_n$ 的一

个**最大公因子**,记为 $d=(a_1,a_2,\cdots,a_n)$.

类似地,也可定义整环 R 中元素 $a_1,a_2,\cdots,a_n$ 的公倍元和最小公倍元(请读者自己写出它的定义).

注意,a 和 b 的最大公因子若存在,则不是唯一的.不难证明,若 $d=(a,b)$,则所有与 d 相伴的元素就是 a 和 b 的全部最大公因子.若 (a,b) 与 1 相伴,则 a 和 b **互素**.

最大公因子的定义也可用生成的主理想语言表述:

(1) d 是 $a_1,a_2,\cdots,a_n$ 的公因子,即 $d|a_i\Leftrightarrow(d)\supseteq(a_i)$,即 (d) 是一个包含所有 (a_i) 的主理想 $(i=1,2,\cdots,n)$.

(2) d 是 $a_1,a_2,\cdots,a_n$ 的最大公因子 $\Leftrightarrow(d)$ 是包含 (a_i) 的最小主理想 $(i=1,2,\cdots,n)\Leftrightarrow(d)\supseteq(a_1)+(a_2)+\cdots+(a_n)$ 的最小主理想,

下例说明确实存在这样的整环,其上任意两个非零元素不一定有最大公因子.

例 2.7.15 整环 $\mathbb{Z}[\sqrt{-5}]$ 中任意两个非零元素不一定有最大公因子.

如取

$$\alpha=3(2+\sqrt{-5}),$$

$$\beta=(2+\sqrt{-5})(2-\sqrt{-5})=9=3\times3,$$

易见 3 和 $2+\sqrt{-5}$ 均为 α,β 的公因子.由于 $3\nmid 2-\sqrt{-5}$,所以 $3(2+\sqrt{-5})$ 不是 α,β 的公因子.若 α,β 存在最大公因子,只能是 3 或 $2+\sqrt{-5}$.但是 $3\nmid 2+\sqrt{-5}$ 且 $2+\sqrt{-5}\nmid 3$.因此 α,β 不存在最大公因子.

下面定理告诉我们唯一分解整环中最大公因子的存在性.

定理 2.7.16 唯一分解整环中的任意两个元素都有最大公因子.

证明 设 R 是一个唯一分解整环,$a,b\in R$,

若 a,b 中有一个等于 0,例如 $a=0$,则 $(a,b)=b$.

若 a,b 中有一个是单位,则 $(a,b)=1$.

若 a,b 都不是零或单位,由于 R 是唯一分解整环,所以

$$a=\varepsilon p_1^{r_1}p_2^{r_2}\cdots p_t^{r_t},\quad b=\varepsilon' p_1^{s_1}p_2^{s_2}\cdots p_t^{s_t},$$

其中 ε,ε' 是单位,$r_i,s_j\geqslant0$,$p_1,p_2,\cdots,p_t$ 是互不相伴的既约元.令 $n_i=\min\{r_i,s_i\}$,$d=p_1^{n_1}p_2^{n_2}\cdots p_t^{n_t}$,下面证明 d 是 a,b 的一个最大公因子.显然 $d|a$ 且 $d|b$.设 c 是 a,b 的一个公因子,则 $c\neq0$.若 c 是单位,显然有 $c|d$.若 c 不是单位,则有

$$c=q_1q_2\cdots q_t,$$

其中 $q_1,q_2,\cdots,q_t$ 是既约元.由 $c|a$ 知某个 q_i 与某个 p_j 相伴,所以

$$c=\varepsilon_0 p_1^{k_1}p_2^{k_2}\cdots p_t^{k_t},$$

其中 ε_0 为单位，$k_i \geqslant 0$. 于是，由 $c|a$，知 $k_i \leqslant r_i$；由 $c|b$，知 $k_i \leqslant s_i$. 因而 $k_i \leqslant n_i$，所以 $c|d$，因此 d 是 a, b 的一个最大公因子. □

下面我们用唯一分解整环的定义来证明主理想整环是唯一分解整环.

定理 2.7.17 主理想整环是唯一分解整环.

证明 （存在性）设 R 是主理想整环，对 $\forall a \in R, a \neq 0, a \notin U(R)$，若 a 是既约元，则 $a=a$ 就是 a 的一个分解式. 若 a 不是既约元，则 $a=b_1b_2$，其中 b_1, b_2 都是 a 的真因子. 若 b_1, b_2 都是既约元，则 $a=b_1b_2$ 就是 a 的一个分解式. 若 b_1, b_2 中有元素不是既约元，我们将 b_1, b_2 中不是既约元的元素表示成两个真因子的乘积，则 $a=c_1c_2\cdots c_k, 3\leqslant k\leqslant 4$. 若 $c_1, c_2, \cdots, c_k$ 都是既约元，则 $a=c_1c_2\cdots c_k$ 就是 a 的一个分解式. 否则再按照上面相同的方法继续下去.

若这个过程只能进行有限步，则 a 就有一个分解式. 若这个过程可以无限地进行下去，则必有一个无限序列 $a, a_1, a_2, \cdots$，其中 a_{i+1} 是 a_i 的真因子，$i=1,2,\cdots$，则有 R 的理想的无限升链：

$$(a)\subsetneqq(a_1)\subsetneqq(a_2)\subsetneqq\cdots$$

令 $I=\bigcup\limits_{n=1}^{\infty}(a_n)$，则 I 是 R 的一个理想（例 2.2.6）. 而 R 是主理想整环，所以存在 $c\in R$，使得 $I=(c)$，于是 $c\in\bigcup\limits_{n=1}^{\infty}(a_n)$，故存在 $n\geqslant 1$，使 $c\in(a_n)$，即 $(I=)(c)\subseteq(a_n)$ 又 $(a_n)\subseteq I$，则 $I=(a_n)$. 从而 $(a_n)=(a_{n+1})=\cdots$ 矛盾. 所以 a 存在一个有限分解式，即 a 可以表示成有限个既约元的乘积.

（唯一性）设 $a=p_1p_2\cdots p_n=q_1q_2\cdots q_m$，其中 $p_1, p_2, \cdots, p_n, q_1, q_2, \cdots, q_m$ 都是既约元. 由于 R 是主理想整环，由命题 2.7.10 知 R 的每个既约元都是素元. 于是由 $p_1|q_1q_2\cdots q_m$ 知存在某个 q_j，使得 $p_1|q_j$. 调换 $q_1q_2\cdots q_m$ 的顺序，不妨设 $p_1|q_1$，于是存在 $c_1\in R$，使 $q_1=p_1c_1$，而 q_1 是既约元，所以 c_1 必为单位，故 p_1 与 q_1 相伴. 再由 $p_1p_2\cdots p_n=c_1p_1q_2\cdots q_m$ 消去 p_1 得 $p_2\cdots p_n=c_1q_2\cdots q_m$，继续进行同样的步骤最后即得 $n=m$，适当调换 $q_1q_2\cdots q_m$ 的顺序有 p_i 与 q_i 相伴，所以 R 是唯一分解整环. □

在该定理的证明过程中讲述了这样一个事实：主理想整环的元素序列 $a_1, a_2, \cdots$，其中 a_{i+1} 是 a_i 的真因子，$i=1,2,\cdots$，则 $(a_1)\subsetneqq(a_2)\subsetneqq\cdots$ 一定是有限的. 我们把这一条件称为**因子链条件**. 判断一个整环 R 是否为唯一分解整环，我们可根据如下三个条件：第一，R 中任何真因子链都有限（因子链条件）；第二，R 中每个既约元一定是素元（**素条件**）；第三，R 中任意两个非零元素都有最大公因子（**公因子条件**）. 为此我们有下面的结论：

命题 2.7.18 设 R 是整环，则下面三个条件等价：

(1) R 为唯一分解整环；

(2) R 满足因子链条件和素条件；

(3) R 满足因子链条件和公因子条件.

证明 留做习题.

结合上一节定理 2.6.9 知欧氏环是主理想整环以及本节的定理 2.7.17 知主理想整环是唯一分解整环，因此得到它们之间的关系：

$$\text{欧氏环}\subseteq\{\text{主理想整环}\}\subseteq\{\text{唯一分解整环}\}.$$

域 F 上的多项式环 $F[x]$是主理想整环，从而是唯一分解整环. 若 R 是唯一分解整环，则多项式环 $R[x]$也是唯一分解整环. 特别地 $\mathbb{Z}[x]$是唯一分解整环. 但是 $\mathbb{Z}[x]$不是主理想整环(由 2 和 x 生成的理想不是主理想，见例 2.2.9(2))，这就给出了不是主理想整环的唯一分解整环的例子.

习题 2.7

1. 设 R 为整环，$a,b\in R^*$，a 与 b 相伴. 试证：

(1) 若 a 为既约元，则 b 也为既约元；

(2) 若 a 为素元，则 b 也为素元.

2. 设 R 为唯一分解整环，$a,b,c\in R^*$. 若 $a|bc$，$(a,b)=1$，证明：$a|c$.

3. 试问：在 $\mathbb{Z}_2[x]$中 x^2+x+1 是否为 x^3+1 的因子？在 $\mathbb{Z}_3[x]$中呢？

4. 证明：7 是高斯(Gauss)整数环 $\mathbb{Z}[\mathrm{i}]=\{a+b\mathrm{i}\mid a,b\in\mathbb{Z},\mathrm{i}=\sqrt{-1}\}$中的既约元. 5 也是它的既约元吗？

5. 证明：$2,3,1+\sqrt{-5},1-\sqrt{-5}$ 均为整环 $\mathbb{Z}[\sqrt{-5}]=\{a+b\sqrt{-5}\mid a,b\in\mathbb{Z}\}$中的既约元.

6. 证明：$\mathbb{Z}[i]/(1+\mathrm{i})$是域.

7. 试问：在整环 $\mathbb{Z}[\sqrt{-3}]$中 $2(1+\sqrt{-3})$和 4 存在最大公因子吗？

8. 设 R 是唯一分解整环，证明：在 R 中不存在下列形式的理想链：

$$(a_1)\subsetneqq(a_2)\subsetneqq(a_3)\subsetneqq\cdots.$$

9. 设 R 是唯一分解整环，$a,b\in R^*$，若 $m\in R$ 满足：

(1) m 是 a,b 的公倍元，即 $a|m,b|m$；

(2) 若 n 也是 a,b 的公倍元，则 $m|n$，

则称 m 为 a,b 的一个**最小公倍元**. 证明：

(1) m 是 a,b 的最小公倍元$\Leftrightarrow m$ 与 m_1 相伴时，m_1 也是 a,b 的最小公倍元；

(2) R^* 中任意两个元素都存在最小公倍元；

(3) 设$[a,b]$为 a,b 的一个最小公倍元，则有$[a,b](a,b)$与 ab 相伴，$[a,(b,$

$c)]$与$([a,b],[a,c])$相伴.

10. 设 R 是整环,证明:下面三个条件等价:

(1) R 为唯一分解整环;

(2) R 满足因子链条件和素条件;

(3) R 满足因子链条件和公因子条件.

第3章 域 论

域作为一类特殊的环,对域中的元素,乘法运算有进一步的要求,这就导致了域作为环,其理想都是平凡的,因而不能完全与环一样来讨论域.

§3.1 扩 域

在上一章环论中,我们已经给出了域的定义.它有如下等价的叙述:

称$(F,+,\cdot)$为**域**,是指$(F,+,\cdot)$是一个环,且$F^*=F\backslash\{0\}$关于乘法"·"构成交换群.

定义 3.1.1 设集合K为域F的子集,且K关于域F的加法与乘法也构成一个域,则称K为F的**子域**,而称域F为K的**扩域**(或**扩张**).

例 3.1.2 实数域$\mathbb{R}$是有理数域$\mathbb{Q}$的扩域,而复数域$\mathbb{C}$又是实数域$\mathbb{R}$的扩域.

命题 3.1.3 设F为域,K为F的非空子集,则K为F的子域$\Leftrightarrow K$中含非零元且对$\forall a,b\in K$,都有$a-b\in K$,若$b\neq 0$,则$ab^{-1}\in K$.

证明 由域的定义或上面域的等价定义即得. □

对任意的域F,均有一平凡的子域,那就是它本身.

定义 3.1.4 我们将除自身以外没有其他子域的域称为**素域**.

例 3.1.5 有理数域$\mathbb{Q}$与$\mathbb{Z}_p$(p为素数)均为素域.

证明 先证明$\mathbb{Q}$是素域:设F是$\mathbb{Q}$的子域,则作为F的单位元,整数$1\in F$,于是对任何正整数n,m,$n=\underbrace{1+1+\cdots+1}_{n个}\in F$,从而$n$的逆元$\frac{1}{n}\in F$,因而,$\frac{m}{n}\in F$,又因为$F$作为加法群,$\frac{m}{n}$的负元$-\frac{m}{n}\in F$.这样证明了$\mathbb{Q}\subseteq F$,所以$\mathbb{Q}=F$.

下面再证明$\mathbb{Z}_p$是素域:首先指出$\mathbb{Z}_p$是域.作为加法群,$\mathbb{Z}_p$只有两个平凡子群,而$\mathbb{Z}_p$的任何一个子域F为$\mathbb{Z}_p$的非零子群,所以$F=\mathbb{Z}_p$.

例 3.1.6 设 F 是一个域，则 F 的所有子域的交为一个素域.

证明 设 $F_i(i\in I, I$ 为指标集)为 F 的所有子域，考虑 $\bigcap\limits_{i\in I}F_i$，易知 $1\in\bigcap\limits_{i\in I}F_i$，故 $\bigcap\limits_{i\in I}F_i\neq\{0\}$，对 $\forall a,b\in\bigcap\limits_{i\in I}F_i$，则 $\forall i\in I, a,b\in F_i$，因为 F_i 为子域，$a-b\in F_i$. 又若 $b\neq 0, ab^{-1}\in F_i$，于是 $a-b\in\bigcap\limits_{i\in I}F_i$，若 $b\neq 0, ab^{-1}\in\bigcap\limits_{i\in I}F_i$，所以由命题 3.1.3 可知 $\bigcap\limits_{i\in I}F_i$ 为域. 因为对 $\bigcap\limits_{i\in I}F_i$ 的任一子域 E，E 亦为 F 的子域，因而 $E\subseteq\bigcap\limits_{i\in I}F_i\subseteq E$，故 $E=\bigcap\limits_{i\in I}F_i$，即 $\bigcap\limits_{i\in I}F_i$ 的子域是它本身，所以 $\bigcap\limits_{i\in I}F_i$ 为素域.

将 F 的所有子域的交称为 F 的**素子域**.

定理 3.1.7 设 F 为素域，若 $\mathrm{Char}F=p$(素数)，则 $F\cong\mathbb{Z}_p$；若 $\mathrm{Char}F=\infty$，则 $F\cong\mathbb{Q}$.

证明 令

$$f:\mathbb{Z}\to F$$
$$n\mapsto n\cdot 1,$$

则 f 是一个环同态，于是由环的同态基本定理得

$$\mathbb{Z}/Ker(f)\cong f(\mathbb{Z})(\subseteq F).$$

(1) 若 $\mathrm{Char}F=p$，则 注意到 $\mathbb{Z}/\mathrm{Ker}(f)$ 是整环以及 $\mathrm{Char}\,\mathbb{Z}/\mathrm{Ker}(f)=p$，所以，$\mathrm{Ker}(f)=(p)$，于是 $\mathbb{Z}/\mathrm{Ker}(f)=\mathbb{Z}_p$ 是一个域，所以 $f(\mathbb{Z})$ 是 F 的一个子域，而 F 是素域，所以 $f(\mathbb{Z})=F$，故 $F\cong Z_p$.

(2) 若 $\mathrm{Char}F=\infty$，则 $\mathrm{Ker}(f)=\{0\}$，于是 $\mathbb{Z}\cong f(\mathbb{Z})$，

再令

$$\bar{f}:\mathbb{Q}\to F$$
$$\frac{a}{b}\mapsto\frac{f(a)}{f(b)}.$$

这里，我们记 $f(a)(f(b))^{-1}$ 为 $\dfrac{f(a)}{f(b)}$，则 $\bar{f}$ 是一个单同态，从而 $\bar{f}(\mathbb{Q})$ 是 F 的一个子域，而 F 是素域，所以 $\bar{f}(\mathbb{Q})=F$，因而 $F\cong\mathbb{Q}$. □

由定理 3.1.7 易见，比较两个域的结构时，不同的特征会导致明显不同的结构，而相同特征的两个域必含同一个素域(同构意义下). 此时比较这两个域，只要看它们如何从同一个素域扩张得到，也即它们从同一个素域添加哪些元素而得到.

定义 3.1.8 设 F 为域，E 为 F 的扩域，S 为 E 的一个非空子集，则 E 的所有包含 F 与 S 的子域的交是 E 的包含 F 与 S 的最小子域，称之为 ***S* 在 *F* 上生成的域或添加 *S* 到 *F* 上得到的域**，记为 $F(S)$.

特别地，若 $S=\{a_1,a_2,\cdots,a_n\}$，称 $F(S)$ 为 F 的有限生成扩域，此时将 $F(S)$

记为 $F(a_1,a_2,\cdots,a_n)$.

将域 $F(a)$,即将单个元素 $a\in E$ 添加到 F 得到的域称为 F 的**单扩域**(或**单扩张**).

例 3.1.9 复数域 $\mathbb{C}$ 为实数域 $\mathbb{R}$ 的单扩域,即 $\mathbb{C}=\mathbb{R}(\mathrm{i})$,i 是虚数单位.

由于域中具有运算,因而在考虑域的扩张时,添加的元素可能不"独立",即添加的元素之间可能在域的运算之下会相互得到.

例 3.1.10 $\mathbb{Q}(\sqrt{2})=\mathbb{Q}(-\sqrt{2})=\mathbb{Q}(-\sqrt{2},\sqrt{2})$.

证明 我们只证明 $\mathbb{Q}(-\sqrt{2})=\mathbb{Q}(-\sqrt{2},\sqrt{2})$,其余类似得到.

首先 $\mathbb{Q}(-\sqrt{2})$ 是包含 $\mathbb{Q}$,$-\sqrt{2}$ 的最小数域,即包含 $\mathbb{Q}$,$-\sqrt{2}$ 的所有数域的交,而 $\mathbb{Q}(-\sqrt{2},\sqrt{2})$ 是包含 $\mathbb{Q}$,$-\sqrt{2}$ 的数域,所以 $\mathbb{Q}(-\sqrt{2})\subseteq\mathbb{Q}(-\sqrt{2},\sqrt{2})$. 另一方面,由于 $\sqrt{2}=-1\times(-\sqrt{2})\in\mathbb{Q}(-\sqrt{2})$,所以 $\mathbb{Q}(-\sqrt{2})$ 是包含 $\mathbb{Q}$,$\sqrt{2}$,$-\sqrt{2}$ 的数域,而 $\mathbb{Q}(-\sqrt{2},\sqrt{2})$ 是包含 $\mathbb{Q}$,$\sqrt{2}$,$-\sqrt{2}$ 的最小数域,所以 $\mathbb{Q}(-\sqrt{2},\sqrt{2})\subseteq\mathbb{Q}(-\sqrt{2})$,这样证明了 $\mathbb{Q}(-\sqrt{2})=\mathbb{Q}(-\sqrt{2},\sqrt{2})$.

命题 3.1.11 设域 F 为域 E 的子域,$S,T\subseteq E$ 为非空子集,则 $F(S\cup T)=F(S)(T)$.

证明 由于 $F(S\cup T)$ 是包含 F 和 S 的子域,而 $F(S)$ 是包含 F 和 S 的最小子域,所以 $F(S)\subseteq F(S\cup T)$. 又 $F(S)(T)$ 是包含 $F(S)$ 和 T 的最小子域,而 $F(S\cup T)$ 是包含 $F(S)$ 和 T 的子域,所以 $F(S)(T)\subseteq F(S\cup T)$.

另一方面,由于 $F(S)(T)$ 包含 F,S 和 T,所以 $F(S)(T)$ 是包含 F 和 $S\cup T$ 的一个子域,而 $F(S\cup T)$ 是包含 F 和 $S\cup T$ 的最小子域,所以 $F(S\cup T)\subseteq F(S)(T)$. 因而 $F(S\cup T)=F(S)(T)$. □

通过命题 3.1.11 可得出结论,在考虑通过添加元素的方式得到扩域时,扩域的结构与添加元素的顺序无关,且在讨论域 F 的扩域 $F(S)$ 的结构时,可以每次添加一个元素的方式分步进行研究. 因而对有限生成扩域的研究,以单扩域的研究为基础. 设 F 为域,下面考虑单扩域的具体构成.

设 E 为域 F 的扩域,$\alpha\in E\backslash F$,则

$$F(\alpha)=\{\frac{f(\alpha)}{g(\alpha)}\mid f(x),g(x)\in F[x],g(\alpha)\neq 0\},$$

这里对 $a,b\in E$,$b\neq 0$,我们记 ab^{-1} 为 $\frac{a}{b}$.

事实上,因为 $F(\alpha)$ 是域,所以 $\{\frac{f(\alpha)}{g(\alpha)}\mid f(x),g(x)\in F[x],g(\alpha)\neq 0\}\subseteq F(\alpha)$,而集合 $\{\frac{f(\alpha)}{g(\alpha)}\mid f(x),g(x)\in F[x],g(\alpha)\neq 0\}$ 关于 $F(\alpha)$ 的运算构成一个域,且包

含 F 与 α. 所以 $F(\alpha)\subseteq\{\frac{f(\alpha)}{g(\alpha)}\mid f(x),g(x)\in F[x],g(\alpha)\neq 0\}$. 这样证明了

$$F(\alpha)=\{\frac{f(\alpha)}{g(\alpha)}\mid f(x),g(x)\in F[x],g(\alpha)\neq 0\}.$$

因此,单扩域 $F(\alpha)$ 就是由 F 中元素与 α 经过加、减、乘、除(除式不为零)运算得到的所有元素所组成的.

令 $F[\alpha]\triangleq\{f(\alpha)\mid f(x)\in F[x]\}$,则 $F(\alpha)$ 为 E 的子环,且包含 F 与 α 的最小子环(读者验证!),$F[\alpha]$ 称为由 F 和 α 生成的子环. 注意到,$F[\alpha]$ 是由 F 与 α 经过加、减、乘运算后得到的所有元素所组成,显然 $F[\alpha]\subseteq F(\alpha)$,$F[\alpha]$ 为整环而 $F(\alpha)$ 为 $F[\alpha]$ 的分式域.

在高等代数中,我们学过定义在数域上的向量空间,现在将此概念推广到一般域上,定义方式完全一样.

定义 3.1.12 设 V 为一个 Abel 群,F 为一个域,若存在映射

$$\varphi:\ F\times V\to V$$
$$(r,x)\mapsto\varphi(r,x)$$

(用 rx 表示 $\varphi(r,x)$),使得

(1) $r(x+y)=rx+ry$;

(2) $(r+s)x=rx+sx$;

(3) $(rs)x=r(sx)$;

(4) $1x=x$.

其中 $r,s,1\in F,x,y\in V$,则称 V 为**域 F 上的向量空间**. 定义中的映射,实际上给出了 F 在 V 上的数乘运算.

高等代数中有关数域上向量空间的理论在一般域上的向量空间中也成立,即在一般域上的向量空间中,我们可以类似地定义线性相关、基、子空间、向量空间之间的线性映射及线性同构等. 相关的结果也成立,比如,一般域上的有限维向量空间有有限个向量构成的一组基,维数公式等.

设 E 为域 F 的扩域,则 $(E,+)$ 为 Abel 群,且映射

$$\varphi:\ F\times E\to E$$
$$(r,x)\mapsto rx$$

(其中 rx 这里的运算为 E 中的乘法运算)定义了 F 在 E 上的数乘运算,这样的数乘运算显然满足定义 3.1.12 中的(1)~(4),因而扩域 E 可以看作子域 F 上的向量空间.

定义 3.1.13 设 E 为域 F 的扩域,E 作为 F 上的向量空间的维数称为 E 在 F 上的**扩张次数**,记为 $[E:F]$. 若 $[E:F]<\infty$,则称 E 为 F 的**有限扩域**(或

有限扩张),否则称 E 为 F 的**无限扩域**(**或无限扩张**).

例 3.1.14 $\mathbb{C}=\mathbb{R}[\mathrm{i}]$为$\mathbb{R}$的扩域,所以$\mathbb{C}$可视为$\mathbb{R}$上的向量空间.再由于$\mathbb{C}=\{a+b\mathrm{i}\mid a,b\in\mathbb{R}\}$以及$1,\mathrm{i}$在$\mathbb{R}$上线性无关,因而$1,\mathrm{i}$为$\mathbb{R}$上向量空间$\mathbb{C}$的一组基,于是$[\mathbb{C}:\mathbb{R}]=2$.

例 3.1.15 证明$\mathbb{Q}\subseteq\mathbb{Q}(x)$为无限扩张,$\mathbb{Q}\subseteq\mathbb{Q}(\sqrt{2})$为有限扩张.

证明 由于$\forall n,1,x,x^2,\cdots,x^n$在$\mathbb{Q}$上线性无关,所以作为$\mathbb{Q}$上的向量空间,$\mathbb{Q}(x)$中有无穷多个线性无关的元素(参阅本章例 3.2.3),于是$[\mathbb{Q}(x):\mathbb{Q}]=\infty$.

注意到$\mathbb{Q}(\sqrt{2})=\{\frac{g(\sqrt{2})}{h(\sqrt{2})}\mid g(x),h(x)\in\mathbb{Q}[x],h(\sqrt{2})\neq 0\}$,而$\sqrt{2}$为$f(x)=x^2-2$的根,且$f(x)$在$\mathbb{Q}$上不可约.对于$\forall\beta\in\mathbb{Q}(\sqrt{2})$,则$\beta=\frac{g(\sqrt{2})}{h(\sqrt{2})}$,$g(x)$,$h(x)\in\mathbb{Q}[x]$,$h(\sqrt{2})\neq 0$.由于$h(\sqrt{2})\neq 0$及$f(\sqrt{2})=0$,所以$f(x)$不整除$h(x)$,于是,$(h(x),f(x))=1$,这样存在$u(x),v(x)\in\mathbb{Q}[x]$,使得

$$u(x)h(x)+v(x)f(x)=1.$$

于是

$$u(\sqrt{2})h(\sqrt{2})+v(\sqrt{2})f(\sqrt{2})=1,$$

即有

$$u(\sqrt{2})h(\sqrt{2})=1.$$

这样

$$\beta=\frac{g(\sqrt{2})}{h(\sqrt{2})}=\frac{u(\sqrt{2})g(\sqrt{2})}{u(\sqrt{2})h(\sqrt{2})}=u(\sqrt{2})g(\sqrt{2})\in\mathbb{Q}[\sqrt{2}].$$

所以

$$\mathbb{Q}(\sqrt{2})=\mathbb{Q}[\sqrt{2}].$$

对于$\forall\alpha\in\mathbb{Q}[\sqrt{2}]$,存在$l(x)\in\mathbb{Q}[x]$,使$\alpha=l[\sqrt{2}]$.对于$l(x)$用带余除法

$$l(x)=f(x)g(x)+r(x),\deg(r(x))\leqslant 1\text{ 或 }r(x)=0,$$

$$\alpha=l(\sqrt{2})=f(\sqrt{2})g(\sqrt{2})+r(\sqrt{2})=r(\sqrt{2})=a_0+a_1\sqrt{2},a_0,a_1\in\mathbb{Q}.$$

所以

$$\mathbb{Q}(\sqrt{2})=\{a_0+a_1\sqrt{2}\mid a_0,a_1\in\mathbb{Q}\}.$$

而$1,\sqrt{2}$在$\mathbb{Q}$上线性无关,所以$1,\sqrt{2}$构成$\mathbb{Q}$上向量空间$\mathbb{Q}(\sqrt{2})=\mathbb{Q}[\sqrt{2}]$的一组基,故$[\mathbb{Q}(\sqrt{2}):\mathbb{Q}]=2$.

关于扩域的研究,可以通过每步添加若干元素来实现.相应地扩张次数有如下结果.

定理 3.1.16 设 E 为域 F 的有限扩域，L 为 E 的有限扩域，则

$$[L:F]=[L:E][E:F].$$

证明 令 $[L:E]=n,[E:F]=m$，设 $\alpha_1,\alpha_2,\cdots,\alpha_n$ 是 L 在 E 上的一组基，$\beta_1,\beta_2,\cdots,\beta_m$ 是 E 在 F 上的一组基，下面只要证明 $\alpha_i\beta_j(i=1,2,\cdots,n,j=1,2,\cdots,m)$ 是 L 在 F 上的一组基.

对 $\forall\alpha\in L$，由于 $\alpha_1,\alpha_2,\cdots,\alpha_n$ 是 L 在 E 上的一组基，所以存在 $a_1,a_2,\cdots,a_n\in E$，使得 $\alpha=\sum\limits_{i=1}^{n}a_i\alpha_i$. 由于 $\beta_1,\beta_2,\cdots,\beta_m$ 是 E 在 F 上的一组基，所以存在 $a_{ij}\in F(i=1,2,\cdots,n,j=1,2,\cdots,m)$，使得 $a_i=\sum\limits_{j=1}^{m}a_{ij}\beta_j(i=1,2,\cdots,n)$. 于是

$$\alpha=\sum_{i=1}^{n}a_i\alpha_i=\sum_{i=1}^{n}(\sum_{j=1}^{m}a_{ij}\beta_j)\alpha_i=\sum_{i=1}^{n}\sum_{j=1}^{m}a_{ij}\alpha_i\beta_j.$$

因而 L 中每个元素都可以由 $\alpha_i\beta_j(i=1,2,\cdots,n,j=1,2,\cdots,m)$ 在 F 上线性表出.

再证 $\alpha_i\beta_j(i=1,2,\cdots,n,j=1,2,\cdots,m)$ 在 F 上线性无关. 假设存在 $b_{ij}\in F$，$i=1,2,\cdots,n,j=1,2,\cdots,m$，使得

$$\sum_{i=1}^{n}\sum_{j=1}^{m}b_{ij}\alpha_i\beta_j=0,$$

则

$$\sum_{i=1}^{n}(\sum_{j=1}^{m}b_{ij}\beta_j)\alpha_i=0.$$

由于 $\alpha_1,\alpha_2,\cdots,\alpha_n$ 在 E 上线性无关，而 $\sum\limits_{j=1}^{m}b_{ij}\beta_j\in E(i=1,2,\cdots,n)$，所以 $\sum\limits_{j=1}^{m}b_{ij}\beta_j=0(i=1,2,\cdots,n)$. 又由于 $\beta_1,\beta_2,\cdots,\beta_m$ 在 F 上线性无关，而 $b_{ij}\in F$，所以 $b_{ij}=0(i=1,2,\cdots,n,j=1,2,\cdots,m)$. 因而 $\alpha_i\beta_j$ 在 F 上线性无关，所以 $\alpha_i\beta_j$ 是 L 在 F 上的一组基. □

通常将定理中的 E 称为域 F 与 L 的**中间域**. 另外，设 $F\subseteq E\subseteq L$ 是域的扩张，从定理 3.1.16 可知，若 L 为 F 的有限扩域，则 L 为 E 的有限扩域，E 为 F 的有限扩域.

推论 3.1.17 设 E 为域 F 的有限扩域，令 $\alpha\in E\backslash F$，$n=[E:F]$，则 $[F(\alpha):F]|n$.

证明 由于 $F\subseteq F(\alpha)\subseteq E$，$E$ 为域 F 的有限扩域，则 $[F(\alpha):F]<\infty$，由定理 3.1.16，$[F(\alpha):F]|n$. □

习题3.1

1. 设 F 为含有 4 个元素的域,证明:$\mathrm{Char}F=2$.

2. 证明:$\mathbb{Q}[\sqrt{3}]=\{a+b\sqrt{3}\mid a,b\in\mathbb{Q}\}$,并说明$\mathbb{Q}[\sqrt{3}]$为一个域.

3. 证明:$\mathbb{Q}(\sqrt{2},\sqrt{3})=\mathbb{Q}(\sqrt{2}+\sqrt{3})$.

4. 设 E 为域 F 的有限扩域,令 $\alpha\in E\backslash F$,证明:

$$[F(\alpha):F]\geqslant[F(\alpha^2):F]\geqslant[F(\alpha^4):F]\geqslant\cdots\geqslant[F(\alpha^{2^n}):F].$$

5. 设 E 为域 F 的扩域,且$[E:F]$为素数,$\alpha\in E\backslash F$,证明:$E=F(\alpha)$.

6. 设 E 为域 F 的扩域,$\alpha,\beta\in E$,且$[F(\alpha):F]=s$,$[F(\beta):F]=t$,证明:

$$[F(\alpha,\beta):F(\beta)]=s\Leftrightarrow[F(\alpha,\beta):F(\alpha)]=t.$$

7. 设 K 为域,E 为 K 的扩域,$u_1,u_2,\cdots,u_s\in E$,试写出 $K(u_1,u_2,\cdots,u_s)$,即包含 K 与 $u_1,u_2,\cdots,u_s$ 的最小域中元素的具体形式.

§3.2 单 扩 域

从例 3.1.15 看到,在域 F 中添加一个不同性质的元素 α 而得到的扩域 $F(\alpha)$结构是不同的,在本节我们将对添加不同性质的元素而得到的单扩域结构作一般的阐述.

首先指出,高等代数中数域上多项式的根的理论可以推广到一般域上.特别地,对于一般域上的多项式,带余除法也成立.

定义 3.2.1 设 E 为域 F 的扩域,$\alpha\in E$,若存在 $f(x)\in F[x]$,$f(x)\neq0$,使得 $f(\alpha)=0$,则称 α 为 F 上的一个**代数元**.否则,就称 α 为 F 上的**超越元**.对于单扩域 $F(\alpha)$,若 α 为 F 上的代数元(超越元),则称 $F(\alpha)$为 F 的**单代数扩域**(**单超越扩域**).

易见,设 E 为域 K 的扩域,K 为域 F 的扩域,$\alpha\in E$,则 α 必在 E 上代数,进一步地,若 α 在 F 上代数,则 α 必在 K 上代数.

例 3.2.2 由于 $\mathrm{i}^2=-1$,即 i 为 $f(x)=x^2+1\in\mathbb{Q}[x]$的根,所以 i 为$\mathbb{Q}$上的代数元,也为$\mathbb{R}$上的代数元.

例 3.2.3 设 $\alpha\in\mathbb{C}$,若 α 是某多项式 $f(x)\in\mathbb{Q}[x]$的一个根,则将 α 称为**代数数**(即有理数域$\mathbb{Q}$上的代数元),否则,称 α 为**超越数**(即有理数域$\mathbb{Q}$上的超越元).大家熟悉的数 π,e 都是超越数.但要证明 π,e 都是超越数并不容易的.在 1844 年法国数学家 Liouville 首先发现并证明了超越数的存在.在后来的几十年里,Hermit,Lindemann, Weierstrass 等数学家对 π,e 是超越数的证明都作出了贡献.

设 E 为域 F 的扩域，$\alpha\in E$ 为 F 上的代数元，则在多项式集合 $\{f(x)\in F[x]\mid f(\alpha)=0\}$ 中存在一个次数最小的非零多项式 $m(x)$.

断言：$m(x)$ 一定为 F 上的不可约多项式且

$$(m(x))=\{f(x)\in F[x]\mid f(\alpha)=0\}.$$

事实上，若 $m(x)$ 可约，则存在 $g(x),h(x)\in F[x]$ 使得 $m(x)=g(x)h(x)$，其中 $\deg(g(x)),\deg(h(x))<\deg(m(x))$. 所以 $0=m(\alpha)=g(\alpha)h(\alpha)$，于是 $g(\alpha)=0$ 或 $h(\alpha)=0$，但不论 $g(\alpha)=0$ 或 $h(\alpha)=0$，都将找一个多项式次数小于 $\deg(m(x))$ 且以 α 为根，矛盾！故 $m(x)$ 在 $F[x]$ 中不可约.

对 $\forall f(x)\in F[x]$，$f(\alpha)=0$，利用带余除法可得，

$$f(x)=m(x)g(x)+r(x),r(x)=0 \text{ 或 } \deg(r(x))<\deg(m(x)),$$

于是，$f(\alpha)=m(\alpha)g(\alpha)+r(\alpha)$，即有 $r(\alpha)=0$. 由于 $m(x)$ 为次数最小的以 α 为根的多项式，可知 $r(x)=0$. 即有 $m(x)\mid f(x)$，故

$$(m(x))=\{f(x)\in F[x]\mid f(\alpha)=0\}.$$

若假设 $m(x)$ 的首项系数为 1，则这样的 $m(x)$ 是唯一确定的.

定义 3.2.4 设 E 为域 F 的扩域，$\alpha\in E$ 为 F 上的代数元，则将集合 $\{f(x)\in F[x]\mid f(\alpha)=0\}$ 中次数最小的首项系数为 1 的非零多项式称为 α 在 F 上的**极小多项式**.

下面利用代数元的极小多项式来描述单代数扩域的结构.

定理 3.2.5 设 E,F 为域，且 $E\supseteq F$，$\alpha\in E$ 为 F 上的代数元，$m(x)\in F[x]$ 为 α 的极小多项式，且 $\deg(m(x))=n$，则

(1) $F(\alpha)\cong F[x]/(m(x))$；

(2) $F(\alpha)=F[\alpha]$；

(3) $[F(\alpha):F]=n$ 且 $1,\alpha,\cdots,\alpha^{n-1}$ 为 $F(\alpha)$ 在 F 上的一组基.

证明 将多项式 $f(x)\in F[x]$ 映为 $f(\alpha)\in F(\alpha)$ 建立环同态

$$\varphi:F[x]\to F(\alpha),$$

注意到 $(m(x))=\{f(x)\in F[x]\mid f(\alpha)=0\}$，于是有环同构

$$\bar{\varphi}:F[x]/(m(x))\to F[\alpha],$$

因为 $m(x)\in F[x]$ 是不可约多项式，所以 $F[x]/(m(x))$ 是域，因而 $F[\alpha]$ 是域. 注意到，作为集合，$F[\alpha]\subseteq F(\alpha)$，而 $F(\alpha)$ 是包含了 F,α 的最小域，所以 $F(\alpha)=F[\alpha]$. 这样我们证明了(1)，(2).

由(2)可知 $F(\alpha)=F[\alpha]$. 为了证明(3)，我们只要证明 $1,\alpha,\cdots,\alpha^{n-1}$ 为 $F[\alpha]$（作为 F 上的向量空间）在 F 上的一组基. 首先 $1,\alpha,\cdots,\alpha^{n-1}$ 在 F 上线性无关，否则我们找到了次数小于 n 的以 α 为根的 F 上的多项式，这与条件 $\deg(m(x))=$

n 矛盾. 现在设 $u\in F[\alpha]$,则存在 $f(x)\in F[x]$,使得 $u=f(\alpha)$. 由带余除法,存在 $q(x),r(x)\in F[x]$,使得 $f(x)=q(x)m(x)+r(x)$,其中,$r(x)=0$ 或 $\deg(r(x))<n$. 于是

$$u=f(\alpha)=q(\alpha)m(\alpha)+r(\alpha)=r(\alpha).$$

即 $u\in F[\alpha]$可由 $1,\alpha,\cdots,\alpha^{n-1}$ 在 F 上线性表出. 这就证明了 $1,\alpha,\cdots,\alpha^{n-1}$ 为 $F[\alpha]$ 在 F 上的一组基. □

上述定理蕴含了如下的结果(通常称为**域论基本定理**).

定理 3.2.6 设 F 为一个域,$p(x)$为 $F[x]$中任一不可约多项式,则存在 F 的单代数扩域 $F[\alpha]$,使 $p(\alpha)=0$.

证明 将 $r\in F$ 映到 $r+(p(x))\in F[x]/(p(x))$建立单同态:$F\to F[x]/(p(x))$,再由定理 3.2.5 即得,具体证明过程留作思考题. □

例 3.2.7 证明 $\alpha=\sqrt{2}+\sqrt{3}$在$\mathbb{Q}$上是代数的,其极小多项式的次数为 4.

证明 首先确定一个以 α 为根的有理系数多项式 $f(x)\in\mathbb{Q}[x]$. 因为 $\alpha-\sqrt{2}=\sqrt{3}$,所以$(\alpha-\sqrt{2})^2=(\sqrt{3})^2$,即 $\alpha^2-1=2\sqrt{2}\alpha$,从而有 $\alpha^4-10\alpha^2+1=0$,即 α 为 $f(x)=x^4-10x^2+1$ 的一个根,于是 $\alpha=\sqrt{2}+\sqrt{3}$是$\mathbb{Q}$上的代数元. 下面说明 $f(x)=x^4-10x^2+1$ 就是 α 的极小多项式. 只要说明 $f(x)\in\mathbb{Q}[x]$为不可约多项式. 事实上,$f(x)$的 4 个根分别为:$\sqrt{2}+\sqrt{3}$,$\sqrt{2}-\sqrt{3}$,$-\sqrt{2}+\sqrt{3}$,$-\sqrt{2}-\sqrt{3}$,所以 $f(x)$不可能有 1 次有理系数因式. 另外,$f(x)$的 4 个根中任两个根的和与积不可能同时为有理数,所以 $f(x)$不可能有 2 次有理系数因式,从而 $f(x)\in\mathbb{Q}[x]$不可约. 所以 $f(x)=x^4-10x^2+1$ 是 α 在$\mathbb{Q}$上的极小多项式.

例 3.2.8 设 α 为域 $\mathbb{Z}_2=\{\bar{0},\bar{1}\}$上的 2 次多项式 $\varphi(x)=x^2+x+\bar{1}$ 的一个根,试确定单代数扩域 $\mathbb{Z}_2(\alpha)$的每个元素的形式及其对应的极小多项式.

解 由于 $\varphi(\bar{0})=\bar{1}\neq\bar{0}$ 及 $\varphi(\bar{1})=\bar{1}^2+\bar{1}+\bar{1}=\bar{0}+\bar{1}=\bar{1}\neq\bar{0}$,所以 $\varphi(x)=x^2+x+\bar{1}$ 在 $\mathbb{Z}_2[x]$上不可约,于是$[\mathbb{Z}_2(\alpha):\mathbb{Z}_2]=2$,并且 $1,\alpha$ 为 $\mathbb{Z}_2(\alpha)$在 $\mathbb{Z}_2$ 上的一组基,于是 $\mathbb{Z}_2(\alpha)=\{a+b\alpha\mid a,b\in\mathbb{Z}_2\}=\{0,\bar{1},\alpha,\alpha+\bar{1}\}$. 易验证

$$\varphi(\alpha+\bar{1})=(\alpha+\bar{1})^2+(\alpha+\bar{1})+\bar{1}=\alpha^2+\alpha+\bar{1}=\bar{0},$$

所以 $\alpha,\alpha+\bar{1}$ 为 $\varphi(x)=x^2+x+\bar{1}$ 的两个不同的根,从而 $\bar{0},\bar{1},\alpha,\alpha+\bar{1}$ 对应的极小多项式分别为 $x,x+\bar{1},x^2+x+\bar{1},x^2+x+\bar{1}$.

最后我们来考虑单超越扩域.

设 x 为未定元,多项式环 $F[x]$的分式域

$$F(x)=\{\frac{f(x)}{g(x)}\mid f(x),g(x)\in F[x],g(x)\neq0\}$$

为 F 的单扩域. 且 x 在 F 上是超越元,所以 $F(x)$为 F 的单超越扩域.

下面证明 F 的单超越扩域在同构意义下是唯一的.

定理 3.2.9 设 E 为域 F 的扩域,若 $\alpha\in E$ 在 F 上是超越元,则

$$F(\alpha)\cong F(x).$$

证明 由于 α 在 F 上是超越的,故环同态

$$\sigma: F[x]\to E$$
$$f(x)\mapsto f(\alpha)$$

是单同态,于是 φ 给出了 $F[x]$ 到 $F[\alpha]$ 的同构. 而 $F(\alpha)$, $F(x)$ 分别为 $F[\alpha]$, $F[x]$的分式域,于是

$$\bar{\sigma}: F(x)\to F(\alpha)$$
$$\frac{f(x)}{g(x)}\mapsto\frac{f(\alpha)}{g(\alpha)},$$

即 $F(x)$与 $F(\alpha)$同构. □

习题 3.2

1. 证明:$\mathbb{Q}(\sqrt{2})\cong\mathbb{Q}[x]/(x^2-2)$.

2. 求元素 $\alpha=\sqrt{2}+\sqrt{3}$ 在域 $\mathbb{Q}(\sqrt{3})$上的极小多项式.

3. 设 E 为域 F 的扩域,$g(x)\in F[x]$是不可约的且首项系数为 1,且 $\beta\in E$ 有 $g(\beta)=0$,证明:$g(x)$为 β 在 F 上的极小多项式.

4. 设 E 为域 F 的扩域,$E=F(\alpha)$,α 在 F 上是代数元且其极小多项式的次数为奇数,证明:$E=F(\alpha^2)$.

5. 设 E 为域 F 的有限扩域,$\alpha\in E$ 为 F 上的代数元,其极小多项式的次数为 n,证明:$n\mid[E:F]$.

6. 设 $f(x)=x^3-3x+1$ 为 $\mathbb{Q}[x]$中不可约多项式,a 为 $f(x)$的一个实根,在 $\mathbb{Q}(a)$中求 $1+a+a^2$ 的逆元.

§3.3 代数扩域

这一节,我们来讨论一类重要的扩域——代数扩域.

定义 3.3.1 设 E 为域 F 的扩域,若 $\forall\alpha\in E$,α 在 F 上是一个代数元,则称 E 为 F 的**代数扩域**,否则称 E 为 F 的**超越扩域**.

在本书中,对超越扩域不作进一步的探讨.

定理 3.3.2 设 E 为域 F 的有限扩域, 则 E 为 F 的代数扩域.

证明 对 $\forall\alpha\in E$,由于$[E:F]=n<\infty$,所以 $n+1$ 个元素 $1,\alpha,\cdots,\alpha^n$ 在 F 上

必线性相关,于是存在不全为零的数 $a_0,a_1,\cdots,a_n\in F$,使 $a_0+a_1\alpha+\cdots+a_n\alpha^n=0$. 令 $f(x)=a_0+a_1x+\cdots+a_nx^n$,则 $f(x)\in F[x]$且 $f(x)\neq 0$,$f(\alpha)=0$,所以 α 在 F 上是一个代数元,从而 E 为 F 的代数扩域. □

推论 3.3.3 设 E 为域 F 的一个扩域,$\alpha\in E$ 在 F 上是代数元,则 $F(\alpha)$为 F 的代数扩域. 简言之,F 的单代数扩域是 F 的代数扩域.

证明 由定理 3.2.5 得$[F(\alpha):F]<\infty$,因而由定理 3.3.2, $F(\alpha)$为 F 的代数扩域. □

例 3.3.4 $\mathbb{C}$为$\mathbb{R}$的代数扩域,$\mathbb{R}$为$\mathbb{Q}$上的超越扩域(因为对任意正整数 n, $1,\pi,\cdots,\pi^n$ 在$\mathbb{Q}$上线性无关).

自然地,我们考虑如下问题:

设 E 为域F 的一个扩域,$\alpha_1,\alpha_2,\cdots,\alpha_n\in E$ 为 F 上的代数元,则 $F(\alpha_1,\alpha_2,\cdots,\alpha_n)$是否为 F 的代数扩域? 下面的定理给出了肯定的回答.

定理 3.3.5 设域 E 为域F 的扩域,则$[E:F]<\infty\Leftrightarrow$存在有限多个 F 上的代数元 $\alpha_1,\alpha_2,\cdots,\alpha_n\in E$,使得 $E=F(\alpha_1,\alpha_2,\cdots,\alpha_n)$.

证明 若$[E:F]<\infty$,设$[E:F]=n$,则存在 $\alpha_1,\alpha_2,\cdots,\alpha_n\in E$,使得它们是 E 作为 F 上向量空间的一组基. 于是 E 中的每个元素由 $\alpha_1,\alpha_2,\cdots,\alpha_n$ 在 F 上线性表出,这样的元素在 $F(\alpha_1,\alpha_2,\cdots,\alpha_n)$中,即 $E\subseteq F(\alpha_1,\alpha_2,\cdots,\alpha_n)$,从而 $E=F(\alpha_1,\alpha_2,\cdots,\alpha_n)$.

由于$[E:F]<\infty$,由定理 3.3.2 可知,$\alpha_1,\alpha_2,\cdots,\alpha_n$ 都为 F 的代数元.

反之,若 $E=F(\alpha_1,\alpha_2,\cdots,\alpha_n)$且 $\alpha_1,\alpha_2,\cdots,\alpha_n$ 都为 F 的代数元,则每个 $\alpha_i\in E$ 也为 $F(\alpha_1,\alpha_2,\cdots,\alpha_{i-1})$的代数元. 于是 $F(\alpha_1,\alpha_2,\cdots,\alpha_{i-1},\alpha_i)=F(\alpha_1,\alpha_2,\cdots,\alpha_{i-1})(\alpha_i)$为 $F(\alpha_1,\alpha_2,\cdots,\alpha_{i-1})$的单代数扩域,由定理 3.2.5 可知,$F(\alpha_1,\alpha_2,\cdots,\alpha_{i-1},\alpha_i)$为 $F(\alpha_1,\alpha_2,\cdots,\alpha_{i-1})$的有限扩域,这样由于

$$E=F(\alpha_1,\alpha_2,\cdots,\alpha_n)\supseteq F(\alpha_1,\alpha_2,\cdots,\alpha_{n-1})\supseteq\cdots\supseteq F(\alpha_1,\alpha_2)\supseteq F(\alpha_1),$$

所以由定理 3.1.16 可得

$$[E:F]=[F(\alpha_1,\alpha_2,\cdots,\alpha_n):F(\alpha_1,\alpha_2,\cdots,\alpha_{n-1})]\cdots[F(\alpha_1,\alpha_2):F(\alpha_1)][F(\alpha_1):F]<\infty.$$

□

推论 3.3.6 设 E 为域F 的扩域,$\alpha_1,\alpha_2,\cdots,\alpha_n\in E$ 为 F 的代数元,则 $F(\alpha_1,\alpha_2,\cdots,\alpha_n)$为 F 的代数扩域.

有限扩域是代数扩域,代数扩域未必一定是有限扩域.

例 3.3.7 证明在$\mathbb{Q}$中添加元素$\sqrt{2},\sqrt[3]{2},\sqrt[4]{2},\cdots$,得到的数域$\mathbb{Q}(\sqrt{2},\sqrt[3]{2},\sqrt[4]{2},\cdots)$是$\mathbb{Q}$的代数扩域,但不是$\mathbb{Q}$的有限扩域.

证明 对于任何数 $u\in\mathbb{Q}(\sqrt{2},\sqrt[3]{2},\sqrt[4]{2},\cdots)$,则 u 由有理数及某些(有限个)

元素$\sqrt[k]{2}$,($k=2,3,\cdots$)经过加、减、乘、除得到,即存在n,使得$u\in\mathbb{Q}(\sqrt{2},\sqrt[3]{2},\sqrt[4]{2},\cdots,\sqrt[n]{2})$,因为每个$\sqrt[k]{2}$,($k=2,3,\cdots$)都是$\mathbb{Q}$上的代数元,所以,根据推论3.3.6,$\mathbb{Q}(\sqrt{2},\sqrt[3]{2},\sqrt[4]{2},\cdots,\sqrt[n]{2})$是$\mathbb{Q}$的代数扩域,因而,$u$是$\mathbb{Q}$上的代数元.所以$\mathbb{Q}(\sqrt{2},\sqrt[3]{2},\sqrt[4]{2},\cdots)$是$\mathbb{Q}$的代数扩域.

下面设$\mathbb{Q}(\sqrt{2},\sqrt[3]{2},\sqrt[4]{2},\cdots)$是$\mathbb{Q}$的有限扩域,并设$[\mathbb{Q}(\sqrt{2},\sqrt[3]{2},\sqrt[4]{2},\cdots):\mathbb{Q}]=l$.显见$\sqrt[l+1]{2}$在$\mathbb{Q}$上的极小多项式是$x^{l+1}-2$,所以$[\mathbb{Q}(\sqrt[l+1]{2}):\mathbb{Q}]=l+1$.这与$[\mathbb{Q}(\sqrt[l+1]{2}):\mathbb{Q}]\leqslant[\mathbb{Q}(\sqrt{2},\sqrt[3]{2},\cdots):\mathbb{Q}]$矛盾!

定理3.3.8 令E为域K的代数扩域,K为域F的代数扩域,则E为域F的代数扩域.

证明 任取$\alpha\in E$.

因为E为域K的代数扩域,所以α是K的代数元,因而存在$0\neq f(x)\in K[x]$,使得$f(\alpha)=0$.令

$$f(x)=a_0+a_1x+\cdots+a_nx^n,\quad a_i\in K,i=0,1,\cdots,a_n.$$

于是,$f(x)\in F(a_0,a_1,\cdots,a_n)[x]$,所以$\alpha$也为$F(a_0,a_1,\cdots,a_n)$上的代数元,再由定理3.2.5,$F(a_0,a_1,\cdots,a_n)(\alpha)$为$F(a_0,a_1,\cdots,a_n)$的有限扩域.因为$K$为域$F$的代数扩域,所以$a_0,a_1,\cdots,a_n$在$F$上是代数元.由定理3.3.5,$F(a_0,a_1,\cdots,a_n)$是$F$的有限扩域.于是由定理3.1.16,$F(a_0,a_1,\cdots,a_n)(\alpha)$为$F$的有限扩域.再由定理3.3.2可得$F(a_0,a_1,\cdots,a_n)(\alpha)$为$F$的代数扩域,所以$\alpha$为$F$的代数元,这样就证明了$E$为$F$的代数扩域. □

定义3.3.9 设E为域F的扩域,令$\bar{F}_E\triangleq\{\alpha\in E\mid\exists\,0\neq f(x)\in F[x],f(\alpha)=0\}$,即$\bar{F}_E$表示$E$中在$F$上的全体代数元组成的集合,称$\bar{F}_E$为域$F$在$E$中的**代数闭包**.

显见,若E为域F的代数扩域,则域F在E中的代数闭包就是E.

推论3.3.10 设E为域F的扩域,则$\bar{F}_E$是F的代数扩域.

证明 只要证明$\bar{F}_E$是E的子域.首先注意到$\bar{F}_E\supseteq F$,即有$\bar{F}_E\neq\varnothing$.设$\forall\alpha,\beta\in\bar{F}_E$,因为$F(\alpha)$为域$F$的代数扩域,$F(\alpha,\beta)$为域$F(\alpha)$的代数扩域,所以,由定理3.3.8可知$F(\alpha,\beta)$为域$F$的代数扩域,所以$\alpha-\beta,\dfrac{\alpha}{\beta}(\beta\neq0)$是域$F$上的代数元.显见$\alpha-\beta,\dfrac{\alpha}{\beta}(\beta\neq0)\in E$.所以$\alpha-\beta,\dfrac{\alpha}{\beta}(\beta\neq0)\in\bar{F}_E$.由命题3.1.3,$\bar{F}_E$是$E$的子域,再由代数闭包的定义可知$\bar{F}_E$是$F$的代数扩域. □

例3.3.11 证明$\mathbb{R}$在$\mathbb{C}$中的代数闭包是$\mathbb{C}$;而$\mathbb{Q}$在数域$\mathbb{Q}(\pi,\sqrt{2})$的代数

闭包是$\mathbb{Q}(\sqrt{2})$.

证明 由于$\mathbb{C}=\mathbb{R}(1,\mathrm{i})$是$\mathbb{R}$的代数扩域,所以$\mathbb{R}$在$\mathbb{C}$中的代数闭包是$\mathbb{C}$.

而对于第二个问题,注意到$\mathbb{Q}(\sqrt{2})$是$\mathbb{Q}$的代数扩域,所以我们只要说明任意元$u\in\mathbb{Q}(\sqrt{2})(\pi)\backslash\mathbb{Q}(\sqrt{2})$不是$\mathbb{Q}(\sqrt{2})$上的代数元.由单扩域的元素形式,

$$u=\frac{f(\pi)}{g(\pi)},f(x),g(x)\in\mathbb{Q}(\sqrt{2})[x],g(\pi)\neq 0.$$

设u是$\mathbb{Q}(\sqrt{2})$上的代数元,则$\mathbb{Q}(\sqrt{2},u)$是$\mathbb{Q}(\sqrt{2})$的代数扩张. 令

$$p(x)=ug(x)-f(x)\in\mathbb{Q}(\sqrt{2},u)[x]$$

则$p(x)$是非零多项式且$p(\pi)=0$. 所以π是$\mathbb{Q}(\sqrt{2},u)$上的代数元.即$\mathbb{Q}(\sqrt{2},u)(\pi)=\mathbb{Q}(\sqrt{2},\pi)$是$\mathbb{Q}(\sqrt{2},u)$的代数扩张,而$\mathbb{Q}(\sqrt{2},u)$是$\mathbb{Q}(\sqrt{2})$的代数扩张,$\mathbb{Q}(\sqrt{2})$是$\mathbb{Q}$的代数扩域.由定理3.3.8,$\mathbb{Q}(\sqrt{2},\pi)$是$\mathbb{Q}$的代数扩域,这与$\pi$是$\mathbb{Q}$上的超越元矛盾!

定义 3.3.12 设F为域,若$F[x]$中每一个多项式在$F[x]$中都可以分解成一次因式的乘积,则称F为**代数闭域**.

设F为代数闭域,α为F的代数元,则由于F上$[x]$中每一个不可约多项式均为一次因式,所以α在F上的极小多项式为一次多项式,于是由定理3.2.5,$[F(\alpha):F]=1$,即$F(\alpha)=F$,这表明F不再有真正的代数扩张.

例 3.3.13 我们知道在复数域$\mathbb{C}$上的多项式都可以分解成一次因式的乘积,所以$\mathbb{C}$是代数闭域.

习题 3.3

1. 设E为域F的扩域,$\alpha,\beta\in E$为F的代数元,且它们对应的极小多项式的次数分别为m,n,证明:$[E(\alpha,\beta):F]\leqslant mn$.

2. 设E为域F的扩域,$\alpha,\beta\in E$为F上的代数元,证明:$\alpha\pm\beta,\alpha\beta,\dfrac{\alpha}{\beta}$($\beta$不为$E$的零元)为域$F$上的代数元.

3. 设E为域F的扩域,$u\in E$为F上的代数元,F为域K的代数扩域,证明:u在K上是代数的.

4. 设E为域F的代数扩域,证明:对于整环K,若满足$E\supseteq K\supseteq F$,则K为一个域.

§3.4 尺规作图问题

在这一节,作为代数扩域的一个应用,我们来讨论几何作图问题.

尺规作图是指用圆规和没有刻度的直尺来作出图形.在历史上,有以下几个经典的尺规作图问题:

(1) 给定一个正方体,能否作出一个正方体使其体积是该给定正方体体积的两倍?

(2) 给定一个圆,能否作出一个正方形使其面积等于该圆的面积?

(3)给定一个角,能否三等分之?

这些问题是中学数学教学中涉及的问题,我们可以利用域的扩张理论来给出解答.

在平面上建立直角坐标系,将平面上的点与点的坐标对应起来.我们熟知,利用直尺、圆规(简称尺规)经过两点可画一条直线;以已知点为圆心,以已知长度为半径可画一个圆;我们将直线与直线、直线与圆弧、圆弧与圆弧的交点称为可构作的点.特别指出,用尺规可以经过一点作已知直线的平行线或垂线的手段来构作交点.显然,一个点(a,b)是可构作的点意味着代表其坐标的两个数可在数轴上用尺规(标注)作出,即作出点$(a,0)$,$(0,b)$,反之亦然.在平面上给定点集G(注意平面上已有$(0,0)$,$(1,0)$及$(0,1)$),利用尺规通过有限次的如下操作:

(1) 经过两已知点画一条直线;

(2) 以已知点为圆心,以已确定的线段长度为半径画圆.

这样找出的直线与直线、直线与圆弧、圆弧与圆弧的交点称为由点集G可构作的点.

一个数a称为可构作的数,是指通过尺规能将a在数轴上(标注)作出,即可确定a与原点的距离及正负号.一个数a由数集E可构作,是指从将标注在数轴的这个数集E出发,通过尺规能将a在数轴上(标注)作出.

易见,数集E中每一个数可构作等价于点集$\{(x,y)\mid x,y\in E\}$中的每个点都是可构作的点;数a由数集E可构作等价于点$(a,0)$可由点集$\{(x,y)\mid x,y\in E\}$构作.因而,由平面上的一个点集构作一个新的点的问题等价于由一组数构成的几何构作一个新的数的问题.

命题 3.4.1 给定任意$a,b\in\mathbb{R}$,则数$a+b,-b,ab,\frac{a}{b}\ (b\neq 0)$,均可由$a,b$构作.

证明 如图 3-1、图 3-2 所示,这些数可以用尺规作出,具体的论述略. □

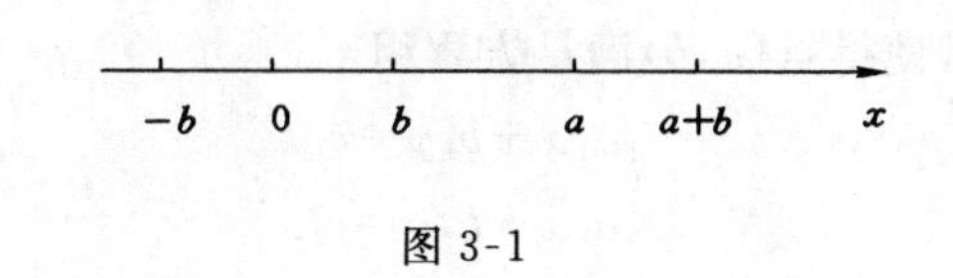

图 3-1

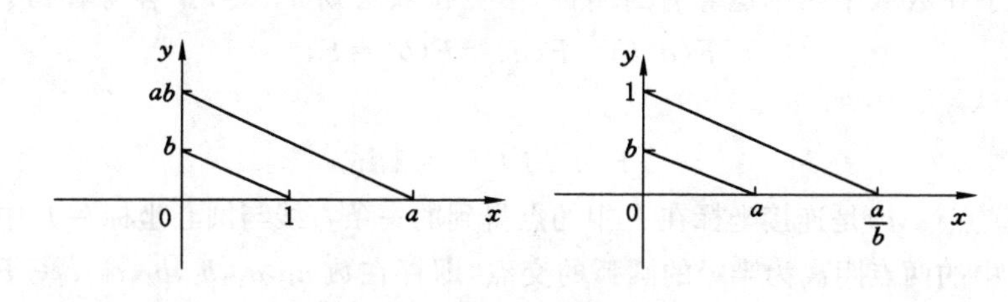

图 3-2

因为平面上已有点(0,1),所以有以下推论.

推论 3.4.2 有理数域$\mathbb{Q}$中的每个数都可构作.即点集$\{(x,y)\mid x,y\in\mathbb{Q}\}$中的每一个点都是可构作的.

证明 因为由数1可以构作任意整数,从而可以构作任意有理数$\frac{n}{m}$. □

推论 3.4.3 设建有直角坐标系的平面上有已知点$(x_1,y_1),(x_2,y_2),\cdots,(x_m,y_m)$,则$\mathbb{Q}(x_1,y_1,x_2,y_2,\cdots,x_m,y_m)$中的每一数都是可构作的,即平面上任意点$(x,y)$,$x,y\in\mathbb{Q}(x_1,y_1,x_2,y_2,\cdots,x_m,y_m)$均是可构作的.

证明 因为在平面上已有了这些点$(x_1,y_1),(x_2,y_2),\cdots,(x_m,y_m)$,这些点都可以构作,它们的坐标$x_1,y_1,x_2,y_2,\cdots,x_m,y_m$及$\mathbb{Q}$中的每一个数都是可以构作的,于是由命题3.4.1得,从数$x_1,y_1,x_2,y_2,\cdots,x_m,y_m$及$\mathbb{Q}$中的数出发得到的可构作的数构成一个域,也是由数$x_1,y_1,x_2,y_2,\cdots,x_m,y_m$及$\mathbb{Q}$生成的数域,即$\mathbb{Q}(x_1,y_1,x_2,y_2,\cdots,x_m,y_m)$. □

因而,在建有直角坐标系的平面上点(a,b)由点集$(x_1,y_1),(x_2,y_2),\cdots,(x_m,y_m)$可构作等价于$(a,b)$由点集$\{(x,y)\mid x,y\in\mathbb{Q}(x_1,y_1,x_2,y_2,\cdots,x_m,y_m)\}$可构作,也等价于数$a,b$由数集$\mathbb{Q}(x_1,y_1,x_2,y_2,\cdots,x_m,y_m)$可构作.

我们来考察从已知点来得到一个可构造的点与域的扩张之间的关系.可构造的点的形成只有下列三种情形:直线与直线的交点(平面上直线方程与直线方程联立方程组的一组解)、直线与圆的交点(平面上直线方程与圆方程联立方程组的一组解)、圆与圆的交点(平面上两个圆方程联立方程组的一组解).

设$(x_1,y_1),(x_2,y_2),\cdots,(x_m,y_m)$是建有直角坐标系的平面上的$m$个点,令$F=\mathbb{Q}(x_1,y_1,x_2,y_2,\cdots,x_m,y_m)$.

(Ⅰ)点(a,b)是连接坐标在F中的点得到的两直线的交点,即存在数a_1,

$a_2,b_1,b_2,c_1,c_2\in F$,使得点(a,b)满足方程组

$$\begin{cases}a_1x+b_1y=c_1,\\a_2x+b_2y=c_2.\end{cases}$$

由于在数域中四则运算有封闭性,由克拉默法则 $a,b\in F$. 容易看到

$$F(a,b)=F(a)=F(b)=F,$$

即

$$[F(a,b):F]=1.$$

(Ⅱ) 点(a,b)是连接坐标在 F 中的点得到的一条直线与圆心坐标在 F 中、以坐标在 F 中的两点距离为半径的圆弧的交点,即存在数 $a_1,a_2,b_1,b_2,c_1,c_2\in F$,使得点$(a,b)$满足方程组

$$\begin{cases}a_1x+b_1y=c_1,\\(x-a_2)^2+(y-b_2)^2=c_2.\end{cases}$$

注意到 a_1,b_1 不同时为 0,不妨设 $a_1\neq0$,于是

$$\begin{cases}x=\dfrac{1}{a_1}(c_1-b_1y),\\(x-a_2)^2+(y-b_2)^2=c_2.\end{cases}$$

由此看到 b 满足系数在 F 中的二次多项式,所以

$$[F(a,b):F]\leqslant2.$$

(Ⅲ) 点(a,b)是圆心坐标都在 F 中、都以坐标在 F 中的两点距离为半径的两条圆弧的交点,即存在数 $a_1,a_2,b_1,b_2,c_1,c_2\in F$,使得点$(a,b)$满足方程组

$$\begin{cases}(x-a_1)^2+(y-b_1)^2=c_1,\\(x-a_2)^2+(y-b_2)^2=c_2.\end{cases}$$

将方程组两个方程中的平方项展开相减,即得同解方程组

$$\begin{cases}(a_1-a_2)x+(b_1-b_2)y=\dfrac{1}{2}(c_2-c_1-a_2^2-b_2^2+a_1^2+b_1^2),\\(x-a_2)^2+(y-b_2)^2=c_2.\end{cases}$$

注意到 a_1-a_2,b_1-b_2 不同时为 0,因而(a,b)可以看成一条直线与圆弧的交点,这样由情形(Ⅱ)得到

$$[F(a,b):F]\leqslant2.$$

因而,从域 F 出发通过域 F 上的两直线相交、一直线与一圆弧相交、两圆弧相交得到的交点(a,b)(经过一次尺规构作得到),必满足

$$[F(a,b):F]\leqslant2.$$

另外,三种情形(Ⅰ,Ⅱ,Ⅲ)下的交点(a,b)满足 $F(a,b)=F(a)$或$F(a,b)=F(b)$.

定理 3.4.4 设 F 是所有可构作的数组成的集合，则 F 是一个数域，且 $\mathbb{Q}\subseteq F\subseteq\mathbb{R}$.

证明 由命题 3.4.1 得 F 构成一个数域.

我们来考虑 F 中数的构成. 因为直线与直线的交点坐标(平面上直线方程与直线方程联立方程组的解)、直线与圆的交点坐标(平面上直线方程与圆方程联立方程组的解)、圆与圆的交点坐标(平面上两个圆方程联立方程组的解)除了涉及四则运算之外，还涉及求正数的算术平方根运算(见上面三种情形下交点的求法)，而正数的算术平方根是可以通过尺规作出的(如图 3-3 所示)，所以从 F 中的任何数(实数)出发，可构作的数都是实数，所以 $F\subseteq\mathbb{R}$. 因为 $\mathbb{Q}$ 中的数均可构作，所以 $\mathbb{Q}\subseteq F$. □

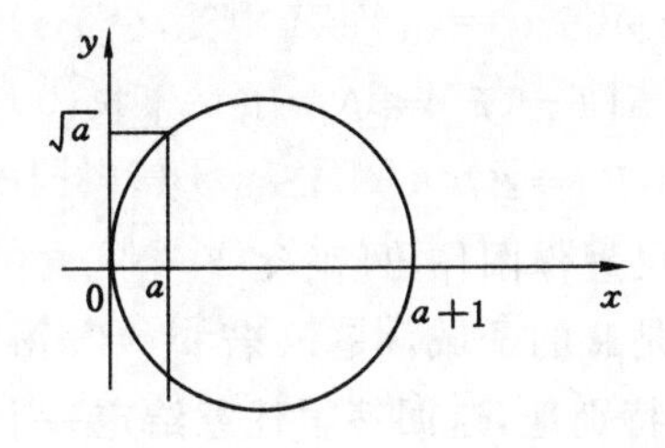

图 3-3

定理 3.4.5 设 F 是 $\mathbb{R}$ 的子域，数 α 由 F 可构作的充要条件是存在 $\mathbb{R}$ 的子域链：$F=F_0\subseteq F_1\subseteq\cdots\subseteq F_n$，使得 $\alpha\in F_n$，$[F_i:F_{i-1}]=2$，$i=1,2,\cdots,n$.(允许 $n=0$，此时忽略条件 $[F_i:F_{i-1}]=2$，$i=1,2,\cdots,n$.)

证明 (充分性)假设存在 $\mathbb{R}$ 的子域链：$F=F_0\subseteq F_1\subseteq\cdots\subseteq F_n$，使得 $\alpha\in F_n$，$[F_i:F_{i-1}]=2$，$i=1,2,\cdots,n$. 对 $i=1,2,\cdots,n$，由于 $[F_i:F_{i-1}]=2$，所以存在 $\alpha_i\in F_i\backslash F_{i-1}$，则由定理 3.1.16，我们知

$$[F_i:F_{i-1}]=[F_i:F_{i-1}(\alpha_i)][F_{i-1}(\alpha_i):F_{i-1}].$$

于是，

$$[F_{i-1}(\alpha_i):F_{i-1}]=2,[F_i:F_{i-1}(\alpha_i)]=1.$$

则 α_i 在 F_{i-1} 的极小多项式的次数为 2. 因为 $\alpha_i\in F_i$，即有 α_i 是实数. 所以 α_i 在 F_{i-1} 的极小多项式(设为 $x^2+b_ix+c_i=0$)的两个根都是实数，从而 $\Delta=b_i^2-4c_i>0$. 由于正数的算术平方根是可以通过尺规作出的，所以由求根公式知 α_i 可由 F_{i-1} 可构作. 于是由命题 3.4.1 得 $F_i=F_{i-1}(\alpha_i)$ 中的每个数可由 F_{i-1} 可构作. 则 F_n 由 F 可构作. 特别地，α 由 F 可构作.

(必要性)设数 α 由 F 可构作，具体地，$(\alpha,0)$ 由若干点 (x_i,y_i)，$\forall x_i,y_i\in F$，经过有限次的构作直线与直线、直线与圆弧、圆弧与圆弧的交点而得到，每构作

一次交点，就对应到一次扩张次数不超过 2 的单扩张，这样在 F 上经过有限次的单扩张

$$F=F_0\subseteq F_1\subseteq\cdots\subseteq F_n,[F_i:F_{i-1}]\leqslant 2,i=1,2,\cdots,n.$$

使得 $\alpha\in F_n$. 由定理 3.4.4，这是 $\mathbb{R}$ 的子域链，在这一子域链中去掉平凡的单扩张（即扩张次数为 1 的单扩张）就得到所要求的子域链. □

下面的推论给出了一个点或数可构作的必要条件.

推论 3.4.6 设 F 是 $\mathbb{R}$ 的子域，若数 α 由 F 可构作，则存在 $r\in\mathbb{Z}$，$r\geqslant 0$，使得 $[F(\alpha):F]=2^r$.

证明 设数 α 由 F 可构作，则由定理 3.4.5 得，存在 $\mathbb{R}$ 的子域链：

$$F=F_0\subseteq F_1\subseteq\cdots\subseteq F_n,\text{使得 }\alpha\in F_n,[F_i:F_{i-1}]=2,i=1,2,\cdots,n.$$

于是，由定理 3.1.16，有

$$[F_n:F(\alpha)][F(\alpha):F]=[F_n:F]=[F_n:F_{n-1}][F_{n-1}:F_{n-2}]\cdots[F_1:F_0]=2^n.$$

所以存在 $r\in\mathbb{Z}$，$[F(\alpha):F]=2^r$. □

下面对几个经典的尺规作图作出解答.

推论 3.4.7 设 F 是 $\mathbb{R}$ 的子域，$v\in F$. 若 $a^3=2v$，a 由 F 可构作的充要条件是 x^3-2v 在 F 上可约. 特别地，这回答了任意给定一个正方体用尺规不能构作一个正方体使其体积等于该给定的正方体体积的两倍.

证明 因为 a 为 $x^3-2v=0$ 的根，所以 a 在 F 上的极小多项式是 x^3-2v 的因式. 若 a 能由 F 构作，则由推论 3.4.6 得，存在某个 $r\in\mathbb{Z}$，使得 $[F(a):F]=2^r$. 这意味着 a 在 F 上的极小多项式的次数为 2^r. 这样 $2^r<3$. 即 $r=0$ 或 1. 从而 x^3-2v 在 F 上可约. 反之，若 x^3-2v 在 F 上可约，则 a 必满足一个次数为 1 或者 2 的 F 上的多项式，这样 $[F(a):F]\leqslant 2$. 由定理 3.4.5 得，a 由 F 可构作. □

推论 3.4.8 设 F 是 $\mathbb{R}$ 的子域，$0\neq r\in F$. 若 $a^2=\pi r^2$，a 由 F 可构作的充要条件是存在 $\mathbb{R}$ 的子域链：

$$F=F_0\subseteq F_1\subseteq\cdots\subseteq F_n,\text{使得 }\pi\in F_n,[F_i:F_{i-1}]\leqslant 2,i=1,2,\cdots,n.$$

特别地，这回答了任意给定一个圆用尺规不能构作一个正方形使其面积等于该圆的面积.

证明 注意到 a 由 F 可构作的充要条件是 $\pi=\dfrac{a^2}{r^2}$ 由 F 可构作，即存在 $\mathbb{R}$ 的子域链：

$$F=F_0\subseteq F_1\subseteq\cdots\subseteq F_n,\text{使得 }\pi\in F_n,[F_i:F_{i-1}]\leqslant 2,i=1,2,\cdots,n.$$ □

推论 3.4.9 设 φ 是一个角，$a=\cos\varphi$. 再设 F 是包含 a 的 $\mathbb{R}$ 的子域，则 φ 可三等分的充要条件是多项式 $4x^3-3x-a$ 在 F 上可约. 特别地，这回答了任意给定一个角不能三等分之.

证明 首先注意到,用尺规作出一个角 γ 等价于 $\cos\gamma$ 可构作. 令 $\gamma=\frac{\varphi}{3}$,则由三角公式,$\cos\varphi=4\cos^3\gamma-3\cos\gamma$,即 $\cos\gamma$ 是多项式 $4x^3-3x-a\in F[x]$ 的根. 于是,φ 可三等分$\Leftrightarrow\cos\gamma$ 由 F 可构作$\Leftrightarrow$存在$\mathbb{R}$的子域链:

$$F=F_0\subseteq F_1\subseteq\cdots\subseteq F_n,$$

使得 $\cos\gamma\in F_n,[F_i:F_{i-1}]\leqslant 2,i=1,2,\cdots,n.$

$\Leftrightarrow[F(\cos\gamma):F]\leqslant 2$

$\Leftrightarrow\cos\gamma$ 在 F 上的极小多项式的次数不超过 2.

$\Leftrightarrow$多项式 $4x^3-3x-a$ 在 F 上可约. □

习题 3.4

1. 证明:角 $\frac{2}{5}\pi$ 可三等分.

2. 设 $a,b\in\mathbb{Z},|a|<|b|,\cos\alpha=\frac{4a^3-3ab^2}{b^3}$,证明:$\alpha$ 可三等分.

3. 请说明:任意给定一个正方形,用尺规能否构作一个正方形使其面积等于该给定正方形的面积的 3 倍?

§3.5 分 裂 域

对于代数闭域 E 上的多项式都能分解成一次因式的乘积,这样的因式分解是彻底的. 设 F 为域,$f(x)\in F[x]$为不可约多项式,且 $\deg f(x)>0$,由定理 3.2.6,将 $f(x)$的根 α 添加到域 F 中,可得到 F 的代数扩域 $F(\alpha)$,这样 $f(x)$在 $F(\alpha)[x]$上可能分解成更低次数因式的乘积. 再考虑这些低次数因式在 $F(\alpha)$扩域上的进一步分解,经过几次域的扩张,最后得到能将 $f(x)$分解成一次因式的域. 如果要求满足这种性质的域最小,这样的域就是 $f(x)$的分裂域. 简言之,一个多项式在域 F 上的分裂域就是使多项式能分解成一次因式乘积的 F 的最小扩域.

定义 3.5.1 设 F 为一个域,$f(x)\in F[x]$,F 的扩域 E 称为 $f(x)$在 F 上的一个**分裂域**(或**根域**)是指 $f(x)$在 E 上能分解成一次因式的乘积,而对于任何域 K,$F\subseteq K\subset E$,$f(x)$在 K 上不能分解成一次因式的乘积.

定理 3.5.2 设 F 为一个域,$f(x)\in F[x]$,E 为 $f(x)$在 F 上的一个分裂域且

$$f(x)=a(x-\alpha_1)(x-\alpha_2)\cdots(x-\alpha_n),\alpha_1,\alpha_2\cdots,\alpha_n\in E,a\in F,$$

则 $E=F(\alpha_1,\cdots,\alpha_n)$. 因而 $f(x)\in F[x]$ 在 F 上的分裂域是包含 $f(x)$ 所有根的 F 的最小扩域.

证明 因为 E 为 $f(x)$ 在 F 上的一个分裂域,所以 E 包含 F 及 $f(x)$ 的每个根,即 $E\supseteq F(\alpha_1,\cdots,\alpha_n)$. 显见,$f(x)$ 在 $F(\alpha_1,\cdots,\alpha_n)$ 上能分解成一次因式的乘积,所以 $E=F(\alpha_1,\cdots,\alpha_n)$. □

例 3.5.3 (1) 设 $f(x)=x^3-3\in\mathbb{Q}[x]$,令 $w=\dfrac{-1+\sqrt{3}\mathrm{i}}{2}$,则 $\sqrt[3]{3},\sqrt[3]{3}w,\sqrt[3]{3}w^2$ 为 $f(x)$ 的三个复根. 则 $\mathbb{Q}(\sqrt[3]{3},\sqrt[3]{3}w,\sqrt[3]{3}w^2)=\mathbb{Q}(\sqrt[3]{3},w)$,$\mathbb{Q}(\sqrt[3]{3},w)$ 是 $f(x)$ 在有理数域 $\mathbb{Q}$ 上的分裂域.

(2) 设 $f(x)=x^3-1=(x-1)(x^2+x+1)\in\mathbb{Q}[x]$,令 $w=\dfrac{-1+\sqrt{3}\mathrm{i}}{2}$,则 $1,w,w^2$ 为 $f(x)$ 的三个复根. 则 $\mathbb{Q}(1,w,w^2)=\mathbb{Q}(w)$,$\mathbb{Q}(w)$ 是 $f(x)$ 在有理数域 $\mathbb{Q}$ 上的分裂域,也是多项式 x^2+x+1 在有理数域 $\mathbb{Q}$ 上的分裂域.

定理 3.5.4 设 F 为域,$f(x)\in F[x]$ 且 $\deg(f(x))\geqslant 1$,则 $f(x)$ 在 F 上的分裂域一定存在.

证明 对 $n=\deg(f(x))$ 用数学归纳法.

若 $n=1$,则 $f(x)$ 为 F 上的一次因式. 因而包含 F 上 $f(x)$ 的所有根的最小子域为 F,即 F 为 $f(x)$ 在 F 上的分裂域,结论成立.

若 $f(x)$ 在 F 上能分解成一次因式的乘积,则 $f(x)$ 在 F 上的分裂域即为 F.

下面设 $n>1$ 且 $f(x)$ 在 F 上不能分解成一次因式的乘积. 令 $g(x)\in F[x]$ 为 $f(x)$ 的一个次数大于 1 的不可约因式,则由定理 3.2.6,存在 F 的代数扩域 $F(\alpha)$,满足 α 为 $g(x)$ 的根,$[F(\alpha):F]=\deg(g(x))>1$. 于是,存在 $h_1(x)\in F(\alpha)[x]$,使得 $g(x)=(x-\alpha)h_1(x)$. 从而存在 $h(x)\in F(\alpha)[x]$,使得 $f(x)=(x-\alpha)h(x)$,显然 $\deg(h(x))=n-1$. 根据归纳假设 $h(x)$ 在 $F(\alpha)$ 上的分裂域 E 存在. 因为 E 为包含 $h(x)$ 的所有根及 $F(\alpha)$ 的最小扩域,所以 E 为包含 $f(x)$ 的所有根以及 F 的最小扩域,即 E 为 $f(x)$ 在 F 上的分裂域. □

定义 3.5.5 设 σ 为域 K 到域 F 的一个(域)同构,$\bar{K}$ 为 K 的扩域,$\bar{F}$ 为 F 的扩域,若 $\bar{\sigma}$ 为 $\bar{K}$ 到 $\bar{F}$ 的一个同构,使得

$$\bar{\sigma}(a)=\sigma(a),\ \forall a\in K,$$

则称 $\bar{\sigma}$ 为 σ 的**同构延拓**. 当 $K=F$ 且 σ 为恒等映射 1_K 时,我们称 $\bar{\sigma}$ 为一个 **K-同构**.

设 F 为域,$f(x)\in F[x]$,$\deg(f(x))>0$,则将 $a\in F$ 映成 $a+(f(x))\in F[x]/(f(x))$. 建立的映射 $\sigma:F\to F[x]/(f(x))$ 为环的单射,将 $a\in F$ 与 $a+(f(x))\in F[x]/(f(x))$ 等同,我们可将 F 看成 $F[x]/(f(x))$ 的子集.

引理 3.5.6 设 $F,\bar{F}$ 为域，$\sigma:F\to\bar{F}$ 为一个同构，定义映射

$$\bar{\sigma}:F[x]\to\bar{F}[x]$$
$$a_0+a_1x+\cdots+a_nx^n\mapsto\bar{\sigma}(a_0)+\bar{\sigma}(a_1)x+\cdots+\bar{\sigma}(a_n)x^n,$$

则 $\bar{\sigma}$ 为一个(环)同构. 为方便，我们将 $f(x)\in F[x]$ 与 $\bar{\sigma}(f(x))\in\bar{F}[x]$ 称为在 σ 下对应的多项式.

证明 直接验证 $\bar{\sigma}$ 为环同构. □

定理 3.5.7 设 $\sigma:F\to\bar{F}$ 为一个域同构，$f(x)\in F[x]$ 为首项系数为 1 的不可约多项式，$\bar{f}(x)\in\bar{F}[x]$ 为在 σ 下与 $f(x)$ 对应的多项式，α 为 $f(x)$ 的一个根，$\bar{\alpha}$ 为 $\bar{f}(x)$ 的一个根，那么可把 F 到 $\bar{F}$ 的同构 σ 延拓为 $F(\alpha)$ 到 $\bar{F}(\bar{\alpha})$ 的同构 $\bar{\sigma}$ 使得 $\bar{\sigma}(\alpha)=\bar{\alpha}$.

证明 因为 $f(x)\in F[x]$ 是首项系数为 1 的不可约多项式，所以由引理 3.5.6，$\bar{f}(x)\in\bar{F}[x]$ 是首项系数为 1 的不可约多项式，且 $\deg(f(x))=\deg(\bar{f}(x))$. 这样 $F(\alpha)$ 与 $\bar{F}(\bar{\alpha})$ 分别为 F 与 $\bar{F}$ 的单代数扩域，$f(x)$ 与 $\bar{f}(x)$ 分别为 α 与 $\bar{\alpha}$ 的极小多项式.

如上述引理建立环同构

$$\delta:F[x]\to\bar{F}[x]$$
$$a_0+a_1x+,\cdots,+a_nx^n\mapsto\sigma(a_0)+\sigma(a_1)x+\cdots+\sigma(a_n)x^n,$$

作映射

$$\bar{\delta}:F[x]\to\bar{F}[x]/(\bar{f}(x))$$
$$a_0+a_1x+\cdots+a_nx^n\mapsto\sigma(a_0)+\sigma(a_1)x+\cdots+\sigma(a_n)x^n+(\bar{f}(x)),$$

则 $\bar{\delta}$ 是环的一个满同态. 利用同构 δ，计算得到 $\mathrm{Ker}(\bar{\delta})=(f(x))$. 由环的同态基本定理，建立同构 $\tilde{\delta}:F[x]/(f(x))\to\bar{F}[x]/(\bar{f}(x))$，易见 $\tilde{\delta}(x+(f(x)))=x+(\bar{f}(x))$，以及 $\tilde{\delta}(a+(f(x)))=\sigma(a)+(\bar{f}(x))$，$\forall a\in F$. 由定理 3.2.5 可得同构

$$\delta_1:F(\alpha)\to F[x]/(f(x)),$$

其中 $\delta_1(\alpha)=x+(f(x))$，$\delta_1(a)=a+(f(x))$，$\forall a\in F$，以及同构

$$\delta_2:\bar{F}[x]/(\bar{f}(x))\to\bar{F}(\bar{\alpha}),$$

其中

$$\delta_2(x+(\bar{f}(x)))=\bar{\alpha},\delta_2(\bar{a}+(\bar{f}(x)))=\bar{a},\forall\bar{a}\in\bar{F}.$$

最后令 $\bar{\sigma}\triangleq\delta_2\circ\tilde{\delta}\circ\delta_1:F(\alpha)\to\bar{F}(\bar{\alpha})$ 是一个域同构，且满足 $\bar{\sigma}|_F=\sigma,\bar{\sigma}(\alpha)=\bar{\alpha}$. □

推论 3.5.8 设 α 与 β 为域 F 上的不可约多项式 $f(x)$ 的两个根，则 $F(\alpha)$ 与 $F(\beta)$ 同构，而且存在 $K(\alpha)$ 与 $K(\beta)$ 之间的一个同构，保持 F 上的元素不动，并将 α 映成 β.

证明 在定理 3.5.7 中,取 $\bar{F}=F,\sigma$ 为恒等映射即得. □

定理 3.5.9 设 $\sigma:F\to\bar{F}$ 为一个域同构,令 $f(x)\in F[x],\bar{f}(x)\in\bar{F}[x]$是在 σ 之下与 $f(x)$对应的多项式,那么对于 $f(x)$的任一分裂域 $F(\alpha_1,\alpha_2,\cdots,\alpha_n)$与 $\bar{f}(x)$的任一分裂域 $\bar{F}(\beta_1,\beta_2,\cdots,\beta_n)$,我们总可将 F 到 $\bar{F}$ 的同构 σ 延拓为 $F(\alpha_1,\alpha_2,\cdots,\alpha_n)$到 $\bar{F}(\beta_1,\beta_2,\cdots,\beta_n)$的同构 $\bar{\sigma}$,并且经适当排序 $\beta_1,\beta_2,\cdots,\beta_n$ 之后,可使 $\bar{\sigma}(\alpha_i)=\beta_i,i=1,2,\cdots,n.$

证明 设 L 为域,因为 $g(x)\in L[x]$在域 L 上的分裂域与 $cg(x)(c\in L)$在域 L 上的分裂域是相同的,所以我们可设定理条件中 $f(x)$的首项系数为 1. 设 $f(x)$ 在 F 上分解成如下不可约多项式的乘积

$$f(x)=f_1(x)f_2(x)\cdots f_s(x).$$

如果在 σ 下,$f_1(x),f_2(x),\cdots,f_s(x)$分别对应多项式 $\bar{f}_1(x),\bar{f}_2(x),\cdots,\bar{f}_s(x)\in\bar{F}[x]$,则

$$\bar{f}(x)=\bar{f}_1(x)\bar{f}_2(x)\cdots\bar{f}_s(x)$$

是 $\bar{f}(x)$在 $\bar{F}$ 上的不可约分解. 不妨设 α_1,β_1 分别为 $f_1(x)$与 $\bar{f}_1(x)$的根,由定理 3.5.7,σ 可延拓成 $F(\alpha_1)$到 $\bar{F}(\beta_1)$的同构 σ_1,且 $\sigma_1(\alpha_1)=\beta_1$. 于是 $f(x)$在 $F(\alpha_1)$上不可约分解为

$$f(x)=(x-\alpha_1)g_2(x)\cdots g_r(x).$$

而在 σ_1 下,$g_2(x)\cdots g_r(x)$分别对应于 $\bar{F}(\beta_1)$上的多项式 $\bar{g}_2(x)\cdots\bar{g}_r(x)$,则 $\bar{f}(x)=(x-\beta_1)\bar{g}_2(x)\cdots\bar{g}_r(x)$是 $\bar{f}(x)$在 $\bar{F}(\beta_1)$上的不可约分解,于是可设 α_2,β_2 分别为 $g_2(x)$与$\bar{g}_2(x)$的根,再由定理 3.5.7,$F(\alpha_1)$到 $\bar{F}(\beta_1)$的同构 σ_1 可延拓到 $F(\alpha_1)(\alpha_2)=F(\alpha_1,\alpha_2)$到 $\bar{F}(\beta_1)(\beta_2)=\bar{F}(\beta_1,\beta_2)$的同构 σ_2,并且

$$\sigma_2(\alpha_1)=\sigma_1(\alpha_1)=\beta_1,\sigma_2(\alpha_2)=\beta_2.$$

以此继续下去进行有限步(即 n 次同构延拓). 便可得到 σ 的延拓 $\bar{\sigma}$ 将 $F(\alpha_1,\alpha_2,\cdots,\alpha_n)$映射到 $\bar{F}(\beta_1,\beta_2,\cdots,\beta_n)$且 $\bar{\sigma}(\alpha_i)=\beta_i,i=1,2,\cdots,n.$ □

在上述定理证明过程中,取 $\bar{F}=F,\sigma$ 为恒等映射即证明了分裂域在同构意义下是唯一的.

推论 3.5.10(唯一性) 设 F 为域,$f(x)\in F[x]$且 $\deg(f(x))>0$,则 $f(x)$在 F 上的任两个分裂域是 F-同构的.

例 3.5.11 在例 3.5.3(1)中,$f(x)=x^3-3$ 是$\sqrt[3]{3}$在$\mathbb{Q}$上的极小多项式,也是$\sqrt[3]{3}w$ 在$\mathbb{Q}$上的极小多项式,则由推论 3.5.8,$\mathbb{Q}(\sqrt[3]{3})\cong\mathbb{Q}(\sqrt[3]{3}w)$.

在例 3.5.3(2)中,$1,w$ 是 $f(x)$的两个根,但显然$\mathbb{Q}(1)$,$\mathbb{Q}(w)$不同构. 而

w, w^2 在$\mathbb{Q}$上的极小多项式都是 x^2+x+1,则由推论 3.5.8,$\mathbb{Q}(w)\cong\mathbb{Q}(w^2)$.

定理 3.5.12 设 F 为域,$f(x)\in F[x]$,E 为 $f(x)$在 F 上的分裂域,令 $\alpha\in E$,则 α 在 F 上的极小多项式在 F 上的分裂域包含在 E 中.

证明 假设 $f(x)=a(x-\alpha_1)(x-\alpha_2)\cdots(x-\alpha_n)$,$\alpha_1,\alpha_2\cdots,\alpha_n\in E$,$a\in F$,并且 $E=F(\alpha_1,\cdots,\alpha_n)$. 令 α 在 F 上的极小多项式为 $p(x)$,$p(x)$在 F 上的分裂域为 E_0,为证 $E_0\subseteq E$,只要证明 $p(x)$在 E 中能分解成一次因式的乘积. 设 $p(x)$在 $E[x]$中的分解式为 $p(x)=(x-\alpha)p_1(x)p_2(x)$,其中 $p_1(x),p_2(x)\in E[x]$,$p_1(x)$是次数大于 1 的不可约多项式. 由定理 3.2.6,存在单代数扩域 $E(\beta)$,使得 $p_1(\beta)=0$. 从而,$p(\beta)=0$. 这样由推论 3.5.8 可知,存在 F-域同构:

$$F(\alpha)\cong F(\beta),$$

再由定理 3.5.9,$f(x)\in F[x]$在 $F(\alpha)$上的分裂域 E 同构于 $f(x)\in F[x]$在$F(\beta)$上的分裂域 $E(\beta)$,且该同构为 F-域同构. 因而作为 F-向量空间,E 与 $E(\beta)$是线性同构的,这与$[E(\beta):E]=\deg(p_1(x))>1$ 矛盾. □

习题 3.5

1. 求多项式 $x^2-3\in\mathbb{Q}[x]$在$\mathbb{Q}$上的分裂域.

2. 设 F 为域,$\forall a\in F, a\neq 0$,$f(x)\in F[x]$,证明:$af(x)$与 $f(x)$有相同的分裂域.

3. 设 F 为域,$f(x)\in F[x]$,$\deg(f(x))>0$,证明:$f(x)$在域 F 上的分裂域为 F 的一个代数扩域.

4. 证明:$x^4-10x^2+1\in\mathbb{Q}[x]$在$\mathbb{Q}$上的分裂域为$\mathbb{Q}$的一个单代数扩域$\mathbb{Q}(\alpha)$. 其中 α 为 x^4-10x^2+1 的一个根.

5. 证明:$\mathbb{Q}(\sqrt[3]{2})$不为 x^3-2 在$\mathbb{Q}$上的分裂域.

§3.6 有 限 域

有限域是一类重要的域,在编码理论和实验设计中都有应用. 有限域的结构主要是利用分裂域的理论来讨论的. 在这一节,若不作特殊说明,p 总是表示素数.

定义 3.6.1 令 F 为域,若 F 中只有有限个元素,则称 F 为**有限域**.

例 3.6.2 $\mathbb{Z}_p=\{\overline{0},\overline{1},\cdots,\overline{p-1}\}$为有限域.

例 3.6.3 设 $x^2+x+\overline{1}\in\mathbb{Z}_2[x]$是一个不可约多项式,若令 α 为它的根,则

x^2+x+1 为 α 在 $\mathbb{Z}_2$ 的极小多项式，$\mathbb{Z}_2(\alpha)=\{a\cdot\bar{1}+b\alpha\mid a,b\in\mathbb{Z}_2\}=\{\bar{0},\bar{1},\alpha,\alpha+\bar{1}\}$是 $\mathbb{Z}_2$ 的单代数扩域,是一个有限域.

定理 3.6.4 设 F 为有限域,$\mathrm{Char}F=p$,则 F 中所含元素的个数为 p^n(其中 n 为 F 在其素子域上的扩张次数).

证明 设 K 为 F 的素子域,则 $\mathrm{Char}K=p$,$K\cong\mathbb{Z}_p$,从而$|K|=p$.由于 F 为有限域,所以作为 K 上的向量空间,F 为有限维的.令 $n=[F:K]$,设 $\varepsilon_1,\varepsilon_2,\cdots,\varepsilon_n$ 为 F 在 K 上的一组基,则对 $\forall\alpha\in F$,α 可唯一表示成

$$k_1\varepsilon_1+k_2\varepsilon_2+\cdots+k_n\varepsilon_n,\quad k_i\in K,i=1,2,\cdots,n.$$

因为每个 $k_i\in K(1\leqslant i\leqslant n)$只能有 p 个值选取,故 F 中所含元素为 p^n. □

这就是说有限域 F 所含元素个数一定为其特征 p 的某个方幂.

定理 3.6.5 设 F 为具有 $q=p^n$ 个元素的有限域,则 $\forall\alpha\in F$,$\alpha^q=\alpha$.

证明 首先 $\alpha^q=\alpha$ 在 $\alpha=0$ 时成立.下面令 $F^*=F\setminus\{0\}$,则 F^* 关于 F 中的乘法构成一个 $q-1$ 阶有限群.对 $\forall\alpha\in F^*$,有 $\alpha^{q-1}=1$,从而 $\alpha^q=\alpha$.这样我们证明了对 $\forall\alpha\in F$ 均有 $\alpha^q=\alpha$. □

定理 3.6.6 设 F 为有 $q=p^n$ 个元素的有限域,K 为 F 的子域,则 $x^q-x\in K[x]$能在 F 中有分解式:$x^q-x=\prod\limits_{\alpha\in F}(x-\alpha)$.且 F 为 $x^q-x\in K[x]$在 K 上的分裂域.

证明 由于 x^q-x 在 F 中至多含有 q 个根,而由定理 3.6.5,F 中的 q 个元素均为多项式 x^q-x 的根,所以 x^q-x 在 F 中恰有 q 个根,且为 F 中的全部元素,所以 x^q-x 在 F 中能分解成一次因式的乘积,且 $x^q-x\in K[x]$在 K 上的分裂域为 F. □

定理 3.6.7(存在性) 设 n 为正整数,则多项式 $f(x)=x^{p^n}-x\in\mathbb{Z}_p[x]$在 $\mathbb{Z}_p$ 上的分裂域 F 为一个元素个数为 p^n 的有限域.

证明 由于 $f'(x)=p^nx^{p^n-1}-1=-1$ 在 F 中没有根,所以 $f(x)$与 $f'(x)$无公共根,从而 $f(x)$在 F 中无重根(在高等代数中用导数的概念来判定数域上多项式有无重根,对于一般域上的多项式也有类似的结论).而 F 为 $f(x)$在 $\mathbb{Z}_p$ 上的分裂域,所以 $f(x)$在 F 中有 p^n 个不同的根.令 S 为 F 中多项式 $x^{p^n}-x$ 的所有根的集合,则

(1) $0,1\in S$;

(2) $\forall a,b\in S$,$(a-b)^{p^n}=a^{p^n}-b^{p^n}=a-b$,所以 $a-b\in S$;

(3) $\forall a,b\in S,b\neq0$,$(ab^{-1})^{p^n}=a^{p^n}b^{-p^n}=ab^{-1}$,所以 $ab^{-1}\in S$.

所以 S 为 F 的一个子域.另一方面,$x^{p^n}-x$ 在 S 中分解成一次因式的乘积,因而 $F\subseteq S$,从而 $F=S$.因为$|S|=p^n$,故$|F|=p^n$. □

定理 3.6.8(唯一性) 设 F 为元素个数为 p^n 的有限域,则 F 同构于多项式 $x^{p^n}-x\in\mathbb{Z}_p[x]$在 $\mathbb{Z}_p$ 上的分裂域.

证明 由 $|F|=p^n$ 可知 $\mathrm{Char}F=p$. 设 K 为 F 的素子域,则 $\mathrm{Char}K=p$,$K\cong\mathbb{Z}_p[x]$. 从而由定理 3.6.6 可知,F 为 $x^{p^n}-x\in K[x]$在 K 上的分裂域,于是由定理 3.5.9,F 同构于多项式 $x^{p^n}-x\in\mathbb{Z}_p[x]$在 $\mathbb{Z}_p$ 上的分裂域. □

例 3.6.9 存在含有 81 个元素的有限域,而不存在含有 50 个元素的有限域. 事实上 $81=3^4$. 由定理 3.6.7,取 $f(x)=x^{3^4}-x\in\mathbb{Z}_3[x]$在 $\mathbb{Z}_3$ 上的分裂域即为有 81 个元素的有限域. 而 $50^2\times5^2$,由定理 3.6.4 有限域中的元素个数一定是其特征的某个方幂,即为一个素数的某个方幂. 所以不存在含有 50 个元素的有限域.

例 3.6.10 设 F 为 $x^8-x\in\mathbb{Z}_2[x]$在$\in\mathbb{Z}_2$ 上的分裂域,在 $\mathbb{Z}_2[x]$中

$$x^8-x=x(x^4-x^2-x+1)(x^3+x+1)$$

即$(x^3+x+1)\mid(x^8-x)$,因而 x^3+x+1 在 F 中能分解成一次因式的乘积. 现在考虑 x^3+x+1 在 $\mathbb{Z}_2$ 上的分裂域. 因为 $1^3+1+1=1\neq0$ 及 $0^3+0+1\neq0$,所以 x^3+x+1 是不可约多项式. 令 $\alpha\in F$ 为 $x^3+x+1\in\mathbb{Z}_2[x]$的一个根,$[\mathbb{Z}_2[\alpha]:\mathbb{Z}_2]=3$, 因而 $|\mathbb{Z}_2[\alpha]|=2^3$,而 $|F|=2^3$ 及 $\mathbb{Z}_2(\alpha)\subseteq F$,因而 $\mathbb{Z}_2(\alpha)=F$. 所以,$\mathbb{Z}_2(\alpha)$为 x^3+x+1 在 $\mathbb{Z}_2$ 上的分裂域.

定理 3.6.11 设 F 为元素个数为 p^n 的有限域,则

(1) F 的每一个子域必含有 p^m 个元素,且 $m\mid n$;

(2) 对 n 的每个正因子 m 必存在 F 的唯一的子域 K,使 $|K|=p^m$;

(3) 若 K_1,K_2 为 F 的子域,$|K_1|=p^s$,$|K_2|=p^t$,则 $K_1\subseteq K_2\Leftrightarrow s\mid t$.

证明 (1) 设 K_0 为 F 的素子域,K 为 F 的任一子域,则 $\mathrm{Char}\ F=\mathrm{Char}\ K_0=\mathrm{Char}\ K=p$. K_0 也为 K 的素子域,而 K 为有限域,所以由定理 3.6.4,$|K|=p^m$,其中 $m=[K:K_0]$. 因为$[F:K_0]=[F:K][K:K_0]$,所以 $m\mid[F:K_0]$(这里$[F:K_0]=n$).

(2) 设 K_0 为 F 的素子域,因为 $m\mid n$,所以 $p^m-1\mid p^n-1$,于是 $x^{p^m-1}-1\mid x^{p^n-1}-1$,因而 $x^{p^m}-x\mid x^{p^n}-x$. 由定理 3.6.6,F 为 $x^{p^n}-x$ 在 K_0 上的分裂域,所以 $x^{p^m}-x$ 在 K_0 上的分裂域为 F 的一个子域. 又由定理 3.6.7 可知,$x^{p^m}-x$ 在 K_0 上的分裂域中元素个数为 p^m 个. 下面证明 F 中元素个数为 p^m 的子域是唯一的,我们只要证明如下结论:对 F 中子域 K,若 $|K|=p^m$,$m\mid n$,则 $K=\{\alpha\in F\mid\alpha$为 $x^{p^n}-x\in K_0[x]$的根$\}$.

事实上,首先由定理 3.6.5 可知,$K\subseteq\{\alpha\in F\mid\alpha$ 为 $x^{p^m}-x\in K_0[x]$的根$\}$. 又因为 $x^{p^m}-x\in K_0[x]$在 F 中无重根,所以

$$|\{\alpha\in F\mid \alpha 为 x^{p^n}-x\in K_0[x]的根\}|=p^m=|K|,$$

从而 $K=\{\alpha\in F\mid \alpha 为 x^{p^m}-x\in K_0[x]的根\}$.

(3) 由(2)的证明可知

$$K_1=\{\alpha\in F\mid \alpha 为 x^{p^s}-x 的根\},K_2=\{\alpha\in F\mid \alpha 为 x^{p^t}-x 的根\},$$

若 $s|t$,则 $x^{p^s}-x\mid x^{p^t}-x$,故 $K_1\subseteq K_2$. 另一方面,若 $K_1\subseteq K_2$,则由(1)可知 $s|t$. 这样就证明了 $K_1\subseteq K_2\Leftrightarrow s|t$. □

例 3.6.12 设 F 是元素个数为 2^{12} 个的有限域,问 F 共有多少个子域? 它们元素个数分别为多少?

解 由定理 3.6.11,F 的子域分别对应于 12 的因子,12 共有 6 个因子:1,2,3,4,6,12,它们对应的 6 个子域. 这些子域元素个数分别为 $2,2^3,2^4,2^6,2^{12}$.

命题 3.6.13 对元素个数为 p^n 的有限域 F,乘法群 $F^*=F\setminus\{0\}$ 为 p^n-1 阶循环群.

证明 设 $q=p^n$,并设 $q\geqslant 3$(当 $q=2$ 时结论显然成立),$h:q-1=p_1^{r_1},\cdots,p_t^{r_t}$,其中 $r_i\geqslant 1,i=1,2\cdots t$. 现在构造阶为 $p_i^{r_i}$ 的元素 b_i 如下:对每个 i,多项式 $x^{\frac{h}{p_i}}-1$ 在 F 中最多有 $\frac{h}{p_i}$ 个根,所以存在 $0\neq a_i\in F,a_i^{\frac{h}{p_i}}\neq 1$. 令 $b_i=a_i^{\frac{h}{p_i^{r_i}}}$,则 $b_i^{p_i^{r_i}}=1$. 所以 $|b_i|\mid p_i^{r_i}$. 令 $|b_i|=p_i^{l_i}(l_i\leqslant r_i)$,$b^{p_i^{r_i-1}}=a^{\frac{h}{p_i}}\neq 1$,因而 $p_i^{l_i}\nmid p_i^{r_i-1}$,即有 $l_i>r_i-1$,所以 $|b_i|=p_i^{r_i}$.

下面证明 $b=b_1b_2\cdots b_t$ 的阶为 h. 首先注意到 $|b|\mid h$. 若 $|b|<h$,则存在某个 p_i 使 $|b|\mid\left(\frac{h}{p_i}\right)$. 不妨设 $|b|\mid\left(\frac{h}{p_i}\right)$,则 $1=b^{\frac{h}{p_1}}=b_2^{\frac{h}{p_1}}=\cdots=b_t^{\frac{h}{p_1}}=b_1^{\frac{h}{p_1}}$,又 $|b_1|=p_1^{r_1}$,于是 $p_1^{r_1}\left|\frac{h}{p_1}\right.$. 矛盾! 所以 $|b|=h$. 故乘法群 F^* 有一个元素 $b,|b|=h$. 即 F^* 为 $q-1$ 阶循环群,$F^*=\langle b\rangle$. □

定理 3.6.14 设 F 为一个有限域,K 为其任一子域,则 F 为域 K 上的单代数扩域.

证明 由命题 3.6.13,存在 $b\in F$,使得 $F^*=F\setminus\{0\}=\langle b\rangle$($F^*$ 为乘法群). 显然 $K^*=K\setminus\{0\}\subseteq F^*$,因而包含 K 与 b 的 F 的子域包含 F^*,从而包含 F. 所以包含 K 与 b 的 F 的最小子域就是 F 本身. 于是 $F=K(b)$. 又因为 F 为有限域,所以 $[K(b):K]=[F:K]<\infty$. 因而由定理 3.3.2,$K(b)$ 为 K 的代数扩域. 从而 b 为 K 上的代数元,故 $F=K(b)$ 为 K 的单代数扩域. □

定理 3.6.15 对任意的有限域 F 与正整数 n,一定存在 F 上的 n 次不可约多项式.

证明 设 $|F|=p^t$,由定理 3.6.7,一定存在元素个数为 p^{nt} 的有限域 E_0,再

由定理 3.6.11,存在 E_0 的子域 F_0,$|F_0|=p^t$,且有

$$[E_0:F_0]=\frac{[E_0:K_0]}{[F_0:K_0]}=\frac{nt}{t}=n \quad (\text{这里 } K_0 \text{ 为 } E_0 \text{ 的素子域}).$$

由定理 3.6.8,F_0 与 F 是同构的,设 $\delta:F_0\to F$ 为一个域同构,由挖补定理,存在 F 的扩域 E 及域同构 $\tilde{\delta}:E_0\to E$,使得 $\tilde{\delta}|_{F_0}=\delta$,所以 E 为有限域,$[E:F]=n$. 由定理 3.6.14,E 为 F 的单代数扩域,设 $E=F(b)$,$b\in E$,则 $[F[b]:F]=n$,所以 b 的极小多项式(在 $F[x]$ 中)的次数为 n,该极小多项式为 F 上的一个 n 次不可约多项式. □

例 3.6.16 设 F 为含有 p^n 个元素的有限域,K_0 为 F 的素子域,证明:一定存在一个 n 次不可约多项式 $f(x)\in K_0[x]$,使得 $f(x)|(x^{p^n}-x)$.

证明 首先 $\mathrm{Char}K_0=p$,对有限域 K_0 及 n,由定理 3.6.15,存在 K_0 上 n 次不可约多项式 $f(x)$,令 α 为 $f(x)$ 的一个根,则 $K_0(\alpha)$ 为 K_0 的单代数扩域,且 $[K_0(\alpha):K_0]=n$. 于是 $|K_0(\alpha)|=p^n$,所以由定理 3.6.8,$K_0(\alpha)$ 为 $x^{p^n}-x\in K_0[x]$ 在 K_0 上的一个分裂域. 而 $x^{p^n}-x\in K_0[x]$ 在 K_0 上的分裂域中的元素正好为 $x^{p^n}-x$ 的根,所以 α 为 $x^{p^n}-x$ 的根. 因为 $f(x)\in K_0[x]$ 不可约且 $f(\alpha)=0$,所以 $f(x)|x^{p^n}-x$.

习题 3.6

1. 设 F 为有限域,证明:$\mathrm{Char}F$ 为素数.

2. 设 F 为有限域,$\mathrm{Char}F=P$ 且对 $\forall\alpha\in F$,有 $\alpha^p=\alpha$. 证明:$F\cong\mathbb{Z}_p$.

3. 设 $f(x)\in\mathbb{Z}_p[x]$ 是一个 n 次不可约多项式,E 是 $f(x)$ 在 $\mathbb{Z}_p$ 上的分裂域,$\alpha\in E$,且 $f(\alpha)=0$. 证明:$f(x)$ 在 E 中的全部根为 $\alpha,\alpha^p,\cdots,\alpha^{p^{n-1}}$.

4. 设 F 为含有 $q=p^n$ 个元素的有限域,p 为素数,$f(x)\in\mathbb{Z}_p[x]$ 是不可约多项式,证明:$f(x)|(x^{p^n}-x)\Leftrightarrow\deg(f(x))|n$.

5. 对任何特征为 p 的有限域 F,证明:F 中任一元素恰好存在一个 p 次方根.

6. 设 F 为有限域,K 为其子域,若 K 有 q 个元素,证明:F 中有 q^m 个元素,其中 $m=[F:K]$.

第4章 模 论

作为交换群的推广,模已经成为代数学中的一个最基本的概念之一. 而高等代数学中的域上的向量空间是一种特殊的模. 模在近代代数中扮演了重要的角色,尤其在处理交换代数中起着十分重要的作用.

约定:在这一章中,如果没有作特殊说明的话,出现的环都是有单位元的环.

§4.1 模的概念

我们给出模的定义,定义方式与数域上的向量空间的定义完全一致,我们可以将模看作是定义在环上的"向量空间".

定义 4.1.1 设 R 是一个环,$(M,+)$是一个交换群,如果存在一个映射

$$R\times M\rightarrow M$$
$$(r,m)\mapsto r\cdot m,$$

使得对 $\forall r,s\in R,m,m'\in M$ 都有

(1) $r\cdot(m+m')=r\cdot m+r\cdot m'$;

(2) $(r+m)\cdot m=r\cdot m+s\cdot m$;

(3) $r\cdot(s\cdot m)=(rs)\cdot m$;

(4) $1\cdot m=m$,

则称 M 是一个**左 *R*-模**.

定义中的映射称为 R 在 M 上的**纯量乘法**. 将定义中的纯量乘法调整为

$$M\times R\rightarrow M$$
$$(m,r)\mapsto m\cdot r,$$

而将定义中的(1)~(4)出现的纯量乘法跟着作相应调整,类似地可以定义**右 *R*-模**. 一般我们只讨论左 R-模(简称为 R-模),纯量乘积 $r\cdot m$ 简记为 rm.

例 4.1.2 设$(G,+)$是一个交换群,$\mathbb{Z}$ 是整数环,对 $\forall a\in G,n\in\mathbb{Z}$,令

$$n\cdot a=\begin{cases}\underbrace{a+a+\cdots+a}_{n}, & n>0,\\ 0, & n=0,\\ -((-n)\cdot a), & n<0,\end{cases}$$

则 G 是一个 $\mathbb{Z}$-模,即每个交换群都是一个 $\mathbb{Z}$-模.

例 4.1.3 设$(R,+,\cdot)$是一个环,I 为 R 的左理想,将 R 在 I 上的纯量乘法取为 R 中的乘法"$\cdot$",这样 R 中的左理想 I 就构成一个左 R-模.特别地,R 是一个 R-模.

例 4.1.4 设 S_1 是环 S 的一个子环,$\forall r\in S_1$,$s\in S$,$r\cdot s$ 为环 S 中的乘法运算,这样,S 就成为一个 S_1-模.特别地,环 R 上的多项式环 $R[x_1,x_2,\cdots,x_n]$ 是一个 R-模.

约定:在以后的讨论中,在环 R 确定的情况下,我们通常将"R-模 M"简称为"模 M",而不致混淆.

从模的定义出发,不难得到以下命题.

命题 4.1.5 设 R 是环,M 是 R-模,则

(1) 对 $\forall r\in R$,$m\in M$,有

$$r0_M=0_M,\quad 0_Rm=0_M,$$

其中 0_R,0_M 分别为 R,M 中的零元(不致混淆的情况下,0_R 或 0_M 有时简记为 0);

(2) 对 $\forall r\in R$,$m\in M$,$n\in\mathbb{Z}$,有

$$(-r)m=r(-m)=-(rm),\quad n(rm)=r(nm).$$

类似于子群、子环,我们给出子模的定义.

定义 4.1.6 设 R 是一个环,M 是一个 R-模,如果 M 的一个非空子集 N 关于 M 上的加法和纯量乘法也构成一个 R-模,则称 N 是 M 的**子模**.

例 4.1.7 $\{0\}$和 M 是 M 的子模,称之为 M 的**平凡子模**.

易见对于环 R 的非空子集 I,I 是 R-模的子模当且仅当 I 是环 R 的左理想.

从模的定义出发不难得到.

命题 4.1.8 设 R 是一个环,M 是一个 R-模.则 M 的非空子集 N 成为 M 的子模(当然是作为 R-模)的充要条件是 N 是 M 的加法子群,并且 $RN\subseteq N$.

定义 4.1.9 设 R 是一个环,S 是 R-模 M 的一个非空子集.M 的所有包含 S 的子模的交(仍为子模,作为习题,请读者自己验证!)称为 M 的**由 S 生成的子模**,记为 $\mathrm{Span}(S)$.如果模 M 本身由其非空子集 S 生成,且 S 是一个有限集,则称 M 是**有限生成模**,S 中的这组元素称为 M 的一组**生成元**.可由一个元素生成

的模称为**循环模**.

命题 4.1.10 设 R 是一个环，M 是一个 R-模. 则 M 的一个非空子集 S 生成的子模为 S 中的元素的全体 R-线性组合，即

$$\mathrm{Span}(S)=\{r_1m_1+r_2m_2+\cdots+r_nm_n \mid r_i\in R, m_i\in S, i=1,2,\cdots,n\}.$$

证明 令 $T=\{r_1m_1+r_2m_2+\cdots+r_nm_n \mid r_i\in R, m_i\in S, i=1,2,\cdots,n\}$.

由命题 4.1.8，模 M 的子集 T 是 M 的一个子模. 另一方面，M 的任何一个包含 S 的子模都包含 T，即 M 的所有包含 S 的子模的交包含 T，所以 $\mathrm{Span}(S)=T$. □

由此可见，对 $\forall m\in M$ 有 $\mathrm{Span}(\{m\})=\{rm \mid r\in R\}$，有时也将 $\mathrm{Span}(\{m\})$ 记为 Rm.

例 4.1.11 设 R 是一个环，M_1, M_2 是模 M 的两个子模，则它们的和

$$M_1+M_2=\{m_1+m_2 \mid m_i\in M_i, i=1,2\}$$

也是模 M 的子模. 由命题 4.1.10，对 $\forall m_1, m_2, \cdots, m_n\in M$,

$$\mathrm{Span}(\{m_1, m_2, \cdots, m_n\})=Rm_1+Rm_2+\cdots+Rm_n.$$

定义 4.1.12 设 M 是一个 R-模，N 是其子模，我们在(加法)商群 $M/N=\{m+N \mid m\in M\}$ 上定义纯量乘法：

$$R\times M/N\to M/N$$
$$(r, m+N)\mapsto rm+N,$$

则容易证明这个定义与代表元的选取无关，且满足模的定义 4.1.1 中的(1)～(4)，因而 M/N 构成一个 R-模，称之为 M 关于子模 N 的**商模**，仍记为 M/N.

类似于群、环中的结果(见习题 1.5 第 10 题及习题 2.2 第 7 题)，关于商模中的子模我们有如下命题.

命题 4.1.13 设 M 是 R-模，N 是 M 的子模. 如果 M_1 是 M 的子模且 $M_1\supseteq N$，则 M_1/N 是 M/N 的一个子模；反过来，若 L 是 M/N 的一个子模，则存在 M 的子模 M_2 使得 $M_2\supseteq N$ 且 $M_2/N=L$.

证明 若 M_1 是 M 的子模且 $M_1\supseteq N$，则商群 $(M_1/N, +)$ 是 $(M/N, +)$ 的子群，又对 $\forall r\in R, m_1+N\in M_1/N$, $r(m_1+N)=rm_1+N\in M_1/N$ 所以由命题 4.1.8，M_1/N 是 M/N 的子模.

反过来，设 L 是 M/N 的一个子模，令 $M_2=\{m\in M \mid m+N\in L\}$，则 M_2 是 $(M, +)$ 的子群. 由于对 $\forall r\in R, m_2\in M_2$, $rm_2+N=r(m_2+N)\in L$，所以 $rm_2\in M_2$，因而由命题 4.1.8，M_2 是 M 的子模. 由 M_2 的定义即得 $M_2\supseteq N$，且 $M_2/N=L$. □

习题 4.1

1. 设 $\varphi: R\to S$ 是一个环同态，M 是一个 S-模，对 $\forall a\in R, m\in M$，令 $am=$

$\varphi(a)m$. 证明:关于这样的纯量乘法,M 构成一个 R-模. 特别地,环 R 关于理想 I 的商环 R/I 是 R-模.

2. 设 I 是环 R 的一个左理想,M 是一个 R-模. 定义

$$IM=\{a_1m_1+a_2m_2+\cdots+a_km_k \mid a_i\in I, m_i\in M, i=1,2,\cdots,k, k>0\},$$

证明:IM 是 M 的子模.

3. 设 R 是一个交换环,$r\in R$,M 是一个 R-模. 将 $(r)M$ 直接记为 rM. 证明:$rM=\{rm \mid m\in M\}$,并且它是 M 的一个子模.

4. 设 R 是一个交换环,M 是一个 R-模. 令 $\mathrm{Ann}(M)=\{r\in R \mid rM=\{0\}\}$(称为 M 的**零化理想**),令 $(a+\mathrm{Ann}(M))m=am$,证明:M 构成一个 $R/\mathrm{Ann}(M)$-模.

5. 设 N 是有限生成 R-模 M 的子模. 证明:商模 M/N 也是有限生成的 R-模.

6. 设 $N_i(i\in I)$ 是 R-模 M 的一族子模,证明:$\bigcap_{i\in I}N_i$ 也是 M 的子模.

7. 设 $M_1\subseteq M_2\subseteq M_3\subseteq\cdots$ 是 R-模 M 的一个子模升链,证明:$\bigcup_{n\geqslant 1}M_n$ 是 M 的子模.

8. 设 $\{M_i \mid i\in\Lambda\}$ 是一族 R-模,作为交换群 $\{M_i \mid i\in\Lambda\}$,有直积 $\prod_{i\in\Lambda}M_i$ 和直和 $\bigoplus_{i\in\Lambda}M_i$. 定义 R 在 $\prod_{i\in\Lambda}M_i(\bigoplus_{i\in\Lambda}M_i)$ 上的纯量乘法为

$$R\times\prod_{i\in\Lambda}M_i(\bigoplus_{i\in\Lambda}M_i)\to\prod_{i\in\Lambda}M_i(\bigoplus_{i\in\Lambda}M_i)$$

$$(r,f)\mapsto rf$$

其中 $f=(f(i))_{i\in\Lambda}\in\prod_{i\in\Lambda}M_i(\bigoplus_{i\in\Lambda}M_i)$,$rf=(rf(i))_{i\in\Lambda}\in\prod_{i\in\Lambda}M_i(\bigoplus_{i\in\Lambda}M_i)$. 证明:$\prod_{i\in\Lambda}M_i$,$\bigoplus_{i\in\Lambda}M_i$ 都是 R-模,并且 $\bigoplus_{i\in\Lambda}M_i$ 是 $\prod_{i\in\Lambda}M_i$ 的子模. (R-模 $\prod_{i\in\Lambda}M_i$, $\bigoplus_{i\in\Lambda}M_i$ 分别称为 R-模族 $\{M_i \mid i\in\Lambda\}$ 的直积和直和).

§4.2 模的同态

群或环同态是保持相应代数结构上代数运算的映射. 我们来定义模的同态,它是向量空间上的线性变换的推广.

定义 4.2.1 设 R 是一个环, M,N 是 R-模, f 是 M 到 N 的一个映射, 如果对 $\forall m,m'\in M, r\in R$, 都有

(1) $f(m+m')=f(m)+f(m')$,

(2) $f(rm)=rf(m)$,

则称 f 是模 M 到 N 的一个**同态**;进一步,若 f 是单射(满射),则称 f 是**单同态**(**满同态**);若 f 是一个双射,则称 f 是**同构**,此时,也称模 M 与 N 同构,记为 $M\cong N$.

例 4.2.2 在定义 4.2.1 中,若 $R=F$ 是域,$N=M$,则 M 到 M 的同态就是

向量空间上的线性变换.

例 4.2.3 设 N 是模 M 的子模,则映射

$$\nu: M \to M/N$$
$$m \mapsto m+N$$

是一个模的满同态,称为模 M 到其商模 M/N 的**自然同态**.

若 $f: M \to N$ 是 R-模同态,令

$$\operatorname{Ker}(f)=\{m \in M \mid f(m)=0\},$$
$$\operatorname{Im}(f)=\{f(m) \mid m \in M\},$$

则 $\operatorname{Ker}(f)$ 是 M 的子模,$\operatorname{Im}(f)$ 是 N 的子模(见习题 4.2 第 1 题).

定理 4.2.4(模的同态基本定理) 设 R-模同态 $f: M \to N$ 是一个满同态,则

$$M/\operatorname{Ker}(f) \cong N.$$

证明 令映射

$$\bar{f}: M/\operatorname{Ker}(f) \to N$$
$$m+\operatorname{Ker}(f) \mapsto f(m),$$

则由群的同态基本定理,$\bar{f}$ 是一个群同构. 又对 $\forall r \in R, m+\operatorname{Ker}(f) \in M/\operatorname{Ker}(f)$,

$$\begin{aligned} \bar{f}(r(m+\operatorname{Ker}(f))) &= \bar{f}(rm+\operatorname{Ker}(f)) \\ &= f(rm) \\ &= rf(m) \\ &= r\bar{f}(m+\operatorname{Ker}(f)). \end{aligned}$$

所以 $\bar{f}$ 是一个模同构. □

定理 4.2.5

(1) 设 M_1, M_2 是 M 的两个子模,则

$$M_1/M_1 \cap M_2 \cong (M_1+M_2)/M_2.$$

(2) 设 M_1, M_2 是 M 的两个子模,且 $M_1 \subseteq M_2$,则

$$(M/M_1)/(M_2/M_1) \cong M/M_2.$$

证明 (1) 令映射

$$h: M_1 \to (M_1+M_2)/M_2$$
$$m \mapsto m+M_2,$$

容易验证,它是一个 R-模的满同态. 而 $\operatorname{Ker}(h)=M_1 \cap M_2$,于是,由定理 4.2.4

$$M_1/M_1 \cap M_2 \cong (M_1+M_2)/M_2.$$

(2) 令映射

$$h: M/M_1 \to M/M_2$$
$$m+M_1 \mapsto m+M_2,$$

容易验证,映射 h 是良定义的,且它是一个 R-模的满同态. 由命题 4.1.13,

$$\begin{aligned}\mathrm{Ker}(h)&=\{m+M_1\in M/M_1\mid h(m+M_1)=M_2\}\\&=\{m+M_1\in M/M_1\mid m+M_2=M_2\}\\&=\{m+M_1\in M/M_1\mid m\in M_2\}\\&=M_2/M_1.\end{aligned}$$

由定理 4.2.4 即得

$$(M/M_1)/(M_2/M_1)\cong M/M_2.$$ □

例 4.2.6 设 M 是一个 R-模，对 $\forall m\in M$，令

$$f:R\to Rm$$
$$r\mapsto rm,$$

则 f 是一个 R-模的满同态，于是由同态基本定理，我们有模同构

$$Rm\cong R/\mathrm{Ker}(f),\text{其中 }\mathrm{Ker}(f)=\{r\in R\mid rm=0\}.$$

令 $\mathrm{Ann}(m)=\{r\in R\mid rm=0\}$，则 $\mathrm{Ann}(m)$ 是 R 的一个左理想，称为 M 中元素 m 的**零化子**. 于是，由上面的同构得 $Rm\cong R/\mathrm{Ann}(m)$.

设 R 是交换环，令 $\mathrm{Hom}_R(M,N)$ 表示从模 M 到模 N 的所有 R-模同态构成的集合. 设 $f,g\in\mathrm{Hom}_R(M,N)$，$r\in R$. 定义

$$(f+g)(x)=f(x)+g(x),$$
$$(r\cdot f)(x)=rf(x),$$

对一切 $x\in M$，则 $\mathrm{Hom}_R(M,N)$ 关于上面定义的加法"+"构成一个加法群. 从而关于上面定义的 R 在 $\mathrm{Hom}_R(M,N)$ 上的纯量乘法"·"，$\mathrm{Hom}_R(M,N)$ 构成一个 R-模. $r\cdot f$ 简记为 rf.

命题 4.2.7 设 R 是交换环，M 是一个 R-模. 则存在模同构 $h:\mathrm{Hom}_R(R,M)\to M$，它是由 $h(f)=f(1)$ 所定义.

证明 令映射

$$h:\mathrm{Hom}_R(R,M)\to M$$
$$f\mapsto f(1)$$

对于 $f,g\in\mathrm{Hom}_R(M,N)$，$r\in R$，由于

$$h(f+g)=(f+g)(1)=f(1)+g(1)=h(f)+h(g)$$

以及

$$h(rf)=(rf)(1)=rf(1)=rh(f),$$

所以 $h:\mathrm{Hom}_R(R,M)\to M$ 是一个 R-模同态.

如果 $h(f)=0$，则 $f(1)=0$. 因为 f 是一个 R-模同态，所以由命题 4.1.5，对于 $\forall r\in R$，

$$f(r)=f(r1)=rf(1)=r0=0.$$

即表明 $f=0$，所以 h 是一个单同态(见习题 4.2 第 2 题).

对于 M 中任何一个元素 m，由 $1\mapsto m$ 定义了一个 R-模同态 $\eta:R\to M$，即 R-模同态 η 将每个 $r(r\in R)$ 映到 rm，所以 h 是一个满同态. 故 $h:\mathrm{Hom}_R(R,M)\to M$ 是一个模同构. □

习题 4.2

1. 若 $f:M\to N$ 是 R-模同态. 证明：$\mathrm{Ker}(f)$ 是 M 的子模，$\mathrm{Im}(f)$ 是 N 的子模.

2. 若 $f:M\to N$ 是一个 R-模同态，证明：f 是单同态$\Leftrightarrow\mathrm{Ker}(f)=(0)$.

3. 设 R 是一个交换环，M 是一个 R-模，$m\in M$. 证明：$\mathrm{Ann}(m)=\mathrm{Ann}(Rm)$.

4. 若 $f:M\to N$，$g:N\to L$ 是两个 R-模同构. 证明：$g\circ f:M\to L$ 是 R-模同构；$f^{-1}:N\to M$ 是 R-模同构.

§4.3 自 由 模

类似于由已知的群(环)构造新的群(环)，下面我们来从已知的模来构造一个新的模.

定义 4.3.1 设 R 是一个环，$M_1,M_2,\cdots,M_n$ 是 R-模，在卡式积 $M_1\times M_2\times\cdots\times M_n$ 上定义如下加法和纯量乘法：

$$(a_1,a_2,\cdots,a_n)+(b_1,b_2,\cdots,b_n)=(a_1+b_1,a_2+b_2,\cdots,a_n+b_n),$$
$$r(a_1,a_2,\cdots,a_n)=(ra_1,ra_2,\cdots,ra_n),$$

则 $M_1\times M_2\times\cdots\times M_n$ 关于这样的加法与纯量乘法构成一个 R-模，该模称为模 $M_1,M_2,\cdots,M_n$ 的**(外)直和**，记为 $M_1\oplus M_2\oplus\cdots\oplus M_n$. 在习题 4.1 第 8 题中，给出了 R-模族$\{M_i\mid i\in\Lambda\}$的直和$\oplus_{i\in\Lambda}M_i$，当指标集 $\Lambda=\{1,2,\cdots,n\}$是有限集时，$\oplus_{i\in\Lambda}M_i$ 即为 $M_1\oplus M_2\oplus\cdots\oplus M_n$.

设 N 是一个 R-模，通常将 n 个 N 的直和 $N\oplus N\oplus\cdots\oplus N$ 写成 N^n.

定义 4.3.2 设 M 是一个 R-模，$M_1,M_2,\cdots,M_n$ 是 M 的子模且满足：

(1) $M=M_1+M_2+\cdots+M_n$；

(2) 如果 $m_1+m_2+\cdots+m_n=0$ $(m_i\in M_i,i=1,\cdots,n)$，则 $m_i=0$ $(i=1,\cdots,n)$.

则称 M 是其子模 $M_1,M_2,\cdots,M_n$ 的**内直和**.

命题 4.3.3 设 M 是一个 R-模，且 M 是其子模 $M_1,M_2,\cdots,M_n$ 的内直和. 则 $M\cong M_1\oplus M_2\oplus\cdots\oplus M_n$.

证明 由于 $M=M_1+M_2+\cdots+M_n$，所以对 $\forall m\in M$，存在 $m_i\in M_i$，$i=1,\cdots,n$，使得 $m=m_1+m_2+\cdots+m_n$. 建立如下映射：

$$h: M \to M_1 \oplus M_2 \oplus \cdots \oplus M_n$$

$$m \mapsto (m_1, m_2, \cdots, m_n), (\text{这里 } m = m_1 + m_2 + \cdots + m_n)$$

再从条件:若 $m_1 + m_2 + \cdots + m_n = 0, m_i \in M_i, i = 1, \cdots, n$,则 $m_i = 0, i = 1, \cdots, n$ 可知 h 是良定义的. 容易看到 h 是模同态,且为单射及满射. 所以

$$M \cong M_1 \oplus M_2 \oplus \cdots \oplus M_n. \qquad \square$$

直和与内直和在本质上是一样的,当 M 是其子模 $M_1, M_2, \cdots, M_n$ 的内直和时,我们仍然记为 $M = M_1 \oplus M_2 \oplus \cdots \oplus M_n$. 事实上在具体场合我们也能区分直和与内直和而不致混淆.

我们知道,数域 F 上的有限维向量空间 V 由它的维数确定. 也就是说,向量空间 V 同构于 F^n,n 是 V 的维数. 在环 R 上,我们可定义具有类似性质的"向量空间",即同构于直和 R^m 的模. 这就是下面来讨论的环 R 上有限生成的自由模.

定义 4.3.4 设 M 是一个 R-模,$m_1, m_2, \cdots, m_n \in M$. 若对 $\forall t_1, t_2, \cdots, t_n \in R$,使得

$$t_1 m_1 + t_2 m_2 + \cdots + t_n m_n = 0,$$

则必有 $t_1 = t_2 = \cdots = t_n = 0$,此时称元素组 $m_1, m_2, \cdots, m_n$ 是**线性无关**的.

设 R-模 M 的一组元素 $m_1, m_2, \cdots, m_n$ 线性无关,并且 M 是由这组元素生成的模. 则称 $m_1, m_2, \cdots, m_n$ 是 M 的一组**基**.

具有基的模称为**自由模**.

约定:零模是基为空集的自由模.

设 $m_1, m_2, \cdots, m_n$ 是 M 的一组基,则 $\forall m \in M$,存在一组元 $\forall t_1, t_2, \cdots, t_n \in R$,使得 $m = t_1 m_1 + t_2 m_2 + \cdots + t_n m_n$,且 $t_1, t_2, \cdots, t_n$ 由元素 m 唯一确定.

例 4.3.5 设 R 是一个环,则 R^n 是自由模,基可取为

$$e_1 = (1, 0, \cdots, 0), e_2 = (0, 1, \cdots, 0), \cdots, e_n = (0, 0, \cdots, 1).$$

通常我们将这个基称为 R^n 的标准基. 特别地,环 R 是自由模,基取为 R 的单位元 1.

命题 4.3.6 设 $x_1, x_2, \cdots, x_n$ 是自由模 F 的一组基,M 是一个 R-模,$m_1, m_2, \cdots, m_n \in M$. 则存在唯一的模同态

$$f: F \to M$$

$$t_1 x_1 + t_2 x_2 + \cdots + t_n x_n \mapsto t_1 m_1 + t_2 m_2 + \cdots + t_n m_n$$

满足 $f(x_i) = m_i, 1 \leqslant i \leqslant n$.

证明 显然,f 是一个模同态. 假设 $g: F \to M$ 是使得 $g(x_i) = m_i, 1 \leqslant i \leqslant n$ 的另一个模同态,则对于任何 $x \in F$,令 $x = t_1 x_1 + t_2 x_2 + \cdots + t_n x_n$. 由于 f, g 是使得 $f(x_i) = m_i, g(x_i) = m_i, 1 \leqslant i \leqslant n$ 的两个模同态,所以

$$
\begin{aligned}
f(x)&=f(t_1x_1+t_2x_2+\cdots+t_nx_n)=t_1f(x_1)+t_2f(x_2)+\cdots+t_nf(x_n)\\
&=t_1m_1+t_2m_2+\cdots+t_nm_n=t_1g(x_1)+t_2g(x_2)+\cdots+t_ng(x_n)\\
&=g(t_1x_1+t_2x_2+\cdots+t_nx_n)=g(x).
\end{aligned}
$$

因而，$f=g$. □

在命题 4.3.6 中，进一步地，如果 $m_1,m_2,\cdots,m_n$ 是 M 的一组基（M 是自由模），那么 f 是一个模同构；此时若自由模 $F=R^n$，则 $R^n\cong M$. 于是我们有下面的定理.

定理 4.3.7 设 M 是一个 R-模，则下列条件等价：

(1) M 是自由模；

(2) 存在 R-模同构 $M\cong R^n$，某个自然数 $n\geqslant 1$.

证明 (1)⇒(2)由定理前面的叙述即得.

(2)⇒(1) 设 $f:R^n\to M$ 是一个模同构. 对每一个 $i=1,2,\cdots,n$，令 $e_i=(0,\cdots,0,1,0,\cdots,0)$，即第 i 个分量是 1，其余分量是 0. 再令 $m_i=f(e_i)$，对 $\forall m\in M$，则存在 $(t_1,t_2,\cdots,t_n)\in R^n$，使得 $m=f((t_1,t_2,\cdots,t_n))$. 于是，

$$
\begin{aligned}
m&=f((t_1,t_2,\cdots,t_n))\\
&=f(t_1e_1+t_2e_2+\cdots+t_ne_n)\\
&=t_1f(e_1)+t_2f(e_2)+\cdots+t_nf(e_n)\\
&=t_1m_1+t_2m_2+\cdots+t_nm_n.
\end{aligned}
$$

另一方面，如果 $t_1m_1+t_2m_2+\cdots+t_nm_n=0,\forall t_1,t_2,\cdots,t_n\in R$，则

$$
\begin{aligned}
0&=t_1f(e_1)+t_2f(e_2)+\cdots+t_nf(e_n)\\
&=f(t_1e_1+t_2e_2+\cdots+t_ne_n)\\
&=f((t_1,t_2,\cdots,t_n)).
\end{aligned}
$$

而 f 是一个模同构，所以 $(t_1,t_2,\cdots,t_n)=(0,0,\cdots,0)$，即 $t_1=t_2=\cdots=t_n=0$. 这表明 $m_1,m_2,\cdots,m_n$ 线性无关. 从而 $m_1,m_2,\cdots,m_n$ 是 M 的一组基，M 是自由模. □

命题 4.3.8 每个有限生成的 R-模都同构于一个自由 R-模的商模.

证明 设 M 是一个有限生成的 R-模，$m_1,m_2,\cdots,m_n$ 是 M 的一组生成元. 命题 4.3.6 给出了模同态：

$$
\begin{aligned}
f:F&\to M\\
t_1e_1+t_2e_2+\cdots+t_ne_n&\mapsto t_1m_1+t_2m_2+\cdots+t_nm_n,
\end{aligned}
$$

其中 $e_1,e_2,\cdots,e_n$ 是 F 的一组基. 显然，f 是模的满同态. 由模的同态基本定理，即得模同构：$F/\mathrm{Ker}(f)\cong M$. □

类似于域上的 n 阶方阵环中的可逆、伴随矩阵、方阵的行列式等概念，我们可以在有单位元 1 的交换环上的 n 阶方阵环中定义这些的概念，并且两个方阵

相乘的法则和域上的方阵相乘法则相同. 特别地,对于有单位元1的交换环上的两个方阵$\boldsymbol{A}$、$\boldsymbol{B}$, $|\boldsymbol{AB}|=|\boldsymbol{A}||\boldsymbol{B}|$. □

定理 4.3.9 设R是交换环,自由R-模M有两组基: $e_1,e_2,\cdots,e_n$和f_1, $f_2,\cdots,f_m$, 则$n=m$. 特别地, 如果$R^n\cong R^m$, 则$n=m$.

证明 (反证法)假设$n\neq m$,不妨设$n<m$,则由于$e_1,e_2,\cdots,e_n$和f_1,f_2, $\cdots,f_m$是自由模M的两组基,所以它们可以相互线性表示. 即存在$n\times m$矩阵$\boldsymbol{A}$与$m\times n$矩阵$\boldsymbol{B}$,使得

$$(f_1,f_2,\cdots,f_m)=(e_1,e_2,\cdots,e_n)\boldsymbol{A},(e_1,e_2,\cdots,e_n)=(f_1,f_2,\cdots,f_m)\boldsymbol{B}.$$

于是,

$$(f_1,f_2,\cdots,f_m)=(e_1,e_2,\cdots,e_n)\boldsymbol{A}=(f_1,f_2,\cdots,f_m)\boldsymbol{BA}.$$

由于模M中各元素$f_i(i=1,2,\cdots,m)$在基$f_1,f_2,\cdots,f_m$下的线性表示是唯一的,所以$\boldsymbol{BA}=\boldsymbol{E}_{m\times m}$,其中$\boldsymbol{E}_{m\times m}$是$m\times m$阶单位矩阵. 将$\boldsymbol{A}$添上$m-n$行零向量变成$m\times m$矩阵$\widetilde{\boldsymbol{A}}$,将$\boldsymbol{B}$添上$m-n$列零向量变成$m\times m$矩阵$\widetilde{\boldsymbol{B}}$,即$\widetilde{\boldsymbol{A}}=\begin{pmatrix}\boldsymbol{A}\\\boldsymbol{0}\end{pmatrix}_{m\times m}$, $\widetilde{\boldsymbol{B}}=(\boldsymbol{B}|\boldsymbol{0})_{m\times m}$,从而$\widetilde{\boldsymbol{B}}\widetilde{\boldsymbol{A}}=\boldsymbol{BA}=\boldsymbol{E}_{m\times m}$. 但是$|\widetilde{\boldsymbol{B}}\widetilde{\boldsymbol{A}}|=|\widetilde{\boldsymbol{B}}||\widetilde{\boldsymbol{A}}|=0$,故矛盾. □

设R是交换环, M是一个自由R-模,则存在R-模同构$M\cong R^n$, $n\geqslant 1$. 我们将n称为自由模M的秩,记为Rank(M). 定理4.3.9表明在R是交换环的条件下,与域上的向量空间的空间维数一样,Rank(M)是一个内在的量. 必须指出,在R是非交换环的情况下,定理4.3.9不成立. 另一方面,交换环R上的自由模与域上的向量空间也有本质的区别:交换环R上的自由模的子模就不一定能成为自由模,自由模关于自由子模的商模也不一定是自由模. 而如果去考虑域上的向量空间,这样相应的结果都是成立的. 这些肯定了研究自由模的必要性.

例 4.3.10 令环$R=\mathbb{Z}[\sqrt{-5}]$, R可以看成一个自由R-模. 而R的子模Span($\{2,1+\sqrt{-5}\}$)不是自由模,因为Span($\{2,1+\sqrt{-5}\}$)不能由一个元素生成,而R中的任两个元素都线性相关.

例 4.3.11 令$M=\mathbb{Z}\oplus\mathbb{Z}$是一个自由$\mathbb{Z}$-模, $N=2\mathbb{Z}\oplus 0$是M的一个自由子模. 则$M/N\cong(\mathbb{Z}/2\mathbb{Z})\oplus\mathbb{Z}$. 而$(\mathbb{Z}/2\mathbb{Z})\oplus\mathbb{Z}$不是自由$\mathbb{Z}$-模,所以$M/N$不是自由模.

命题 4.3.12 设R是交换环, M是一个有限生成的R-模, N是其子模. 若N与M/N是自由模,则M是自由模且Rank(M)=Rank(N)+Rank(M/N).

证明 设N的一组基为$e_1,e_2,\cdots,e_n$, M/N的一组基为$f_1+N,f_2+N,\cdots$, f_m+N,只要证明: $e_1,e_2,\cdots,e_n,f_1,f_2,\cdots,f_m$为$M$的一组基. 对于$m\in M$,

$m+N\in M/N$,因而

$$m+N=t_1(f_1+N)+t_2(f_2+N)+\cdots+t_m(f_m+N)$$
$$=t_1f_1+t_2f_2+\cdots+t_mf_m+N.$$

于是,$m-(t_1f_1+t_2f_2+\cdots+t_mf_m)\in N$,所以

$$m-(t_1f_1+t_2f_2+\cdots+t_mf_m)=s_1e_1+s_2e_2+\cdots+s_ne_n,$$

即

$$m=s_1e_1+s_2e_2+\cdots+s_ne_n+t_1f_1+t_2f_2+\cdots+t_mf_m.$$

另一方面,假设

$$s_1e_1+s_2e_2+\cdots+s_ne_n+t_1f_1+t_2f_2+\cdots+t_mf_m=0,$$

则

$$t_1(f_1+N)+t_2(f_2+N)+\cdots+t_m(f_m+N)=0.$$

因为 $f_1+N,f_2+N,\cdots,f_m+N$ 线性无关,所以 $t_1=t_2=\cdots=t_m=0$,将它们代入 $s_1e_1+s_2e_2+\cdots+s_ne_n+t_1f_1+t_2f_2+\cdots+t_mf_m=0$ 中,即得 $s_1e_1+s_2e_2+\cdots+s_ne_n=0$,又因为 $e_1,e_2,\cdots,e_n$ 线性无关,所以 $s_1=s_2=\cdots=s_n=0$. 所以 $e_1,e_2,\cdots,e_n,f_1,f_2,\cdots,f_m$ 线性无关. 这就证明了 $e_1,e_2,\cdots,e_n,f_1,f_2,\cdots,f_m$ 为 M 的一组基. □

命题 4.3.13 设 M 是一个 R-模,F 是自由模,且 $f:M\to F$ 是一个满同态,则 $M\cong \mathrm{Ker}(f)\oplus F$.

证明 先构造一个从 F 到 M 的同态. 设 $e_1,e_2,\cdots,e_n$ 是 F 的一组基,由于 f 是满同态,对任何 $i,1\leqslant i\leqslant n$,可选定 $m_1,m_2,\cdots,m_n\in M$,使得 $f(m_i)=e_i$. 建立映射

$$g:F\to M$$
$$t_1e_1+t_2e_2+\cdots+t_ne_n\mapsto t_1m_1+t_2m_2+\cdots+t_nm_n,$$

满足 $g(e_i)=m_i,1\leqslant i\leqslant n$. 容易看到 g 是一个模同态且 $fg=1_F$.

建立映射

$$\alpha:\mathrm{Ker}(f)\oplus F\to M$$
$$(y,x)\mapsto y+g(x),$$

容易看到 α 是单射,且是一个模同态(利用 f,g 是模同态). 下面证明 α 是满射. 这是因为对于 $m\in M$,存在 $r_1,r_2,\cdots,r_n\in R$, 使得

$$f(m)=r_1e_1+r_2e_2+\cdots+r_ne_n=f(g(r_1e_1+r_2e_2+\cdots+r_ne_n)).$$

于是,$f(m-g(r_1e_1+r_2e_2+\cdots+r_ne_n))=0,m-g(r_1e_1+r_2e_2+\cdots+r_ne_n)\in \mathrm{Ker}(f)$. 所以存在 $y\in \mathrm{Ker}(f)$,使得 $m=y+g(r_1e_1+r_2e_2+\cdots+r_ne_n)$. 这就说明 m 在 α 下的原像是$(y,f(m))$. □

习题4.3

1. 求自由$\mathbb{Z}$-模$\mathbb{Z}\oplus\mathbb{Z}$的一组基.

2. 设R是交换环,M,N是R-模,I是R的理想.证明:

(1) $I(M\oplus N)=IM\oplus IN$;

(2) $M\oplus N/I(M\oplus N)=(M/IM)\oplus(N/IN)$.

3. 设R是交换环,若R-模$M=M_1\oplus M_2\oplus\cdots\oplus M_s$,其子模$N=M_1\oplus M_2\oplus\cdots\oplus M_r$,其中$1\leqslant r<s$.证明:$M/N\cong M_{r+1}\oplus M_{r+2}\oplus\cdots\oplus M_s$.

4. 设F与L是两个自由R-模,它们的基分别为$f_1,f_2,\cdots,f_m$和$e_1,e_2,\cdots,e_n$.设$\varphi:F\to L$是模同态,记$\varphi(f_i)=a_{i1}e_1+a_{i2}e_2+\cdots+a_{in}e_n$,$a_{ij}\in R$,令$\boldsymbol{A}=(a_{ij})_{m\times n}$,由于$e_1,e_2,\cdots,e_n$是$L$的一组基,所以矩阵$\boldsymbol{A}$是由$\varphi$唯一确定,称之为$\varphi$在基$f_1,f_2,\cdots,f_m$与基$e_1,e_2,\cdots,e_n$之下的表示矩阵,可记为:

$$\varphi\begin{pmatrix}f_1\\ \vdots\\ f_m\end{pmatrix}:=\begin{pmatrix}\varphi(f_1)\\ \vdots\\ \varphi(f_m)\end{pmatrix}=\boldsymbol{A}\begin{pmatrix}e_1\\ \vdots\\ e_n\end{pmatrix}.$$

反之,若给定一个矩阵$\boldsymbol{A}=(a_{ij})_{m\times n}$,则$\boldsymbol{A}$唯一确定了一个同态$\varphi:F\to L$,使得$\varphi(f_i)=a_{i1}e_1+a_{i2}e_2+\cdots+a_{in}e_n$,$i=1,2,\cdots,m$,$j=1,2,\cdots,n$.

(1) 写出恒等变换$1_F:F\to F$在基$f_1,f_2,\cdots,f_m$与$f_1,f_2,\cdots,f_m$之下的表示矩阵.

(2) 设同态$\varphi:F\to L$在基$f_1,f_2,\cdots,f_m$与基$e_1,e_2,\cdots,e_n$之下的表示矩阵为$\boldsymbol{A}$,$\boldsymbol{C}=(c_{ij})(c_{ij}\in R)$是$s\times m$矩阵,证明:

$$\varphi\left(\boldsymbol{C}\begin{pmatrix}f_1\\ \vdots\\ f_m\end{pmatrix}\right)=\boldsymbol{C}\varphi\begin{pmatrix}f_1\\ \vdots\\ f_m\end{pmatrix}=\boldsymbol{CA}\begin{pmatrix}e_1\\ \vdots\\ e_n\end{pmatrix}.$$

(3) 设H是自由模,其一组基是$h_1,h_2,\cdots,h_k$.设同态$\varphi:F\to L$与同态$\psi:L\to H$的表示矩阵分别为$\boldsymbol{A},\boldsymbol{B}$,证明:$\psi\varphi$的表示矩阵是$\boldsymbol{AB}$.

5. 设F与L是两个自由R-模,它们的基分别为$f_1,f_2,\cdots,f_m$和$e_1,e_2,\cdots,e_n$.设模同态$\varphi:F\to L$在基$f_1,f_2,\cdots,f_m$与基$e_1,e_2,\cdots,e_n$之下的表示矩阵为$\boldsymbol{A}$,证明:φ是模同构的充要条件是有同态$\psi:L\to F$,使得$\psi\varphi=1_F$,$\varphi\psi=1_L$.也就是说存在矩阵$\boldsymbol{B}=(b_{jk})_{n\times m}$,使得$\boldsymbol{AB}=\boldsymbol{I}_m$,$\boldsymbol{BA}=\boldsymbol{I}_n$,$\boldsymbol{I}_m$,$\boldsymbol{I}_n$是阶分别为$m,n$的单位矩阵.

6. 设M是多项式环$\mathbb{Z}[X]$中次数不超过3的一元多项式和零多项式构成的集合,证明:M是自由$\mathbb{Z}$-模.并问多项式$f_1=1+2X+3X^2$,$f_2=2+2X+X^2$,$f_3=4+3X+3X^2$能否构成M的一组基?

§4.4 主理想整环上的有限生成模的基本结构

在本节中，我们将证明主理想整环上有限生成模的分解定理. 设 M 是一个有限生成的 R-模，$m_1,m_2,\cdots,m_n$ 是 M 的一组生成元. 由命题 4.3.6 及定理 4.2.4 可知，模同态 $f:R^n\to M$

$$t_1e_1+t_2e_2+\cdots+t_ne_n\mapsto t_1m_1+t_2m_2+\cdots+t_nm_n$$

(其中 $e_1,e_2,\cdots,e_n$ 是 R^n 的一组标准基)给出了模同构：$R^n/\mathrm{Ker}(f)\cong M$. 因而，为了搞清楚有限生成 R-模 M 的结构，自然地，我们要去考虑 R^n 的子模 $\mathrm{Ker}(f)$ 的结构. 而事实上，在 R 是主理想整环的情形下，自由模的子模的结构还是比较清楚的(定理 4.4.2).

例 4.4.1 整数环 $\mathbb{Z}$ 是主理想整环，$\mathbb{Z}$-模 $\mathbb{Z}$ 的子模都具有形式 $n\mathbb{Z}$，$n\in\mathbb{Z}$. 当 $n=0$ 时，$n\mathbb{Z}=\{0\}$，按照我们的约定，可认为基为空集的自由模；而当 $n\neq 0$ 时，由于

$$n\mathbb{Z}\cong\mathbb{Z}/\mathrm{Ann}(n)\cong\mathbb{Z}/\{0\}\cong\mathbb{Z},$$

所以 $n\mathbb{Z}$ 是一个以 n 为基的秩为 1 的自由模.

定理 4.4.2 设 R 是主理想整环，F 是一个秩为 n 的自由 R-模，N 是 F 的一个子模，则 N 是自由模，且秩不超过 n.

证明 不妨设 $F=R_1\oplus R_2\oplus\cdots\oplus R_n$，$R_i=R$，$i=1,2,\cdots,n$. 我们对 n 用归纳法证明 N 是自由模且 N 的秩不超过 n. 当 $n=1$ 时，N 是 R 的理想. 当 N 是零理想时，结论显然. 当 N 是非零理想时，由 R 是主理想整环即得，存在 $a\in R$，使得 $N=Ra\cong R/\mathrm{Ann}(a)\cong R$，于是 N 是秩为 1 的自由模.

下面假设 $n>1$ 且结论对小于 n 的正整数都成立. 令 F_1 是 F 的由所有第 n 个分量为零的元素组成的子模，F_2 是 F 的由所有前 $n-1$ 个分量都为零的元素组成的子模. 则易见，F_1 和 F_2 都是自由模且 $F_1=R_1\oplus R_2\oplus\cdots\oplus R_{n-1}$，$F_2\cong R$.

令

$$f:N\to F_2$$
$$(r_1,r_2,\cdots,r_n)\mapsto r_n,$$

则 f 是一个模同态. 于是由同态基本定理 $N/\mathrm{Ker}(f)\cong\mathrm{Im}(f)$. 注意到，$\mathrm{Ker}(f)=N\cap F_1$，由于 $\mathrm{Im}(f)$ 同构于 R 的一个子模以及 R 是主理想整环，所以 $N/N\cap F_1$ 是一个秩不超过 1 的自由模. 因为 $N\cap F_1$ 是 F_1 的子模，所以，对 F_1 用归纳假设得，$N\cap F_1$ 是秩不超过 $n-1$ 的自由模. 再由命题 4.3.12 可知，N 是自由模，秩不超过 n. □

下面的定理给出了主理想整环上有限生成模的基本结构，而它的证明要用

到主理想整环上的矩阵的相关结果，具体地，要用到下面的引理 4.4.5.

定理 4.4.3(主理想整环上有限生成模的基本结构定理)　设 R 是主理想整环，M 是一个有限生成的非零 R-模. 则 M 是循环模的直和：

$$M=Rz_1\oplus Rz_2\oplus\cdots\oplus Rz_s$$

使得

$$R\supsetneqq \mathrm{Ann}(z_1)\supseteq \mathrm{Ann}(z_2)\supseteq\cdots\supseteq \mathrm{Ann}(z_s).$$

证明　设 M 的一组生成元为 $m_1,m_2,\cdots,m_n$，则存在模同态

$$f:R^n\to M$$

$$t_1e_1+t_2e_2+\cdots+t_ne_n\mapsto t_1m_1+t_2m_2+\cdots+t_nm_n,$$

且 $R^n/K\cong M$，其中 $K=\mathrm{Ker}(f)$. 根据定理 4.4.2，设 $f_1,f_2,\cdots,f_m$ 为自由模 K 的一组基，$m\leqslant n$. 于是，对于每一个 j，$j=1,2,\cdots,m$，$f_j=a_{1j}e_1+a_{2j}e_2+\cdots+a_{nj}e_n$，从而我们有 $(f_1,f_2,\cdots,f_m)=(e_1,e_2,\cdots,e_n)\boldsymbol{A}$，其中 $\boldsymbol{A}=(a_{ij})$ 是环 R 上的一个 $n\times m$ 矩阵. 利用下面的引理 4.4.5，存在可逆矩阵 $\boldsymbol{P}_{n\times n}$ 以及 $\boldsymbol{Q}_{m\times m}$，使得

$$\boldsymbol{B}=\boldsymbol{PAQ}=\begin{pmatrix} d_1 & & \\ & \ddots & \\ & & d_m \\ \hline & \boldsymbol{0} & \end{pmatrix}.$$

设 $(\tilde{e}_1,\tilde{e}_2,\cdots,\tilde{e}_n)=(e_1,e_2,\cdots,e_n)\boldsymbol{P}^{-1}$，$(\tilde{f}_1,\tilde{f}_2,\cdots,\tilde{f}_m)=(f_1,f_2,\cdots,f_m)\boldsymbol{Q}$，于是 $(\tilde{f}_1,\tilde{f}_2,\cdots,\tilde{f}_m)=(\tilde{e}_1,\tilde{e}_2,\cdots,\tilde{e}_n)\boldsymbol{B}$，即 $\tilde{f}_1=d_1\tilde{e}_1$，$\tilde{f}_2=d_2\tilde{e}_2$，$\cdots$，$\tilde{f}_m=d_m\tilde{e}_m$.

令 $(\tilde{m}_1,\tilde{m}_2,\cdots,\tilde{m}_n)=(m_1,m_2,\cdots,m_n)\boldsymbol{P}^{-1}$，则 $\tilde{m}_1,\tilde{m}_2,\cdots,\tilde{m}_n$ 是 M 的一组生成元，并且 $\tilde{m}_1=f(\tilde{e}_1)$，$\tilde{m}_2=f(\tilde{e}_2)$，$\cdots$，$\tilde{m}_n=f(\tilde{e}_n)$.

下面证明 $M=R\tilde{m}_1+R\tilde{m}_2+\cdots+R\tilde{m}_n$ 是一个直和. 对于 $m+1\leqslant j\leqslant n$，记 $d_j=0$. 假设 $r_1\tilde{m}_1+r_2\tilde{m}_2+\cdots+r_n\tilde{m}_n=0$，其中 $r_i\in R$. 因为 $\tilde{m}_i=f(\tilde{e}_i)$，所以 $r_1\tilde{e}_1+r_2\tilde{e}_2+\cdots+r_n\tilde{e}_n\in K$，即存在 $s_i\in R$，$i=1,2,\cdots,m$ 以及 $s_j=1$，$m+1\leqslant j\leqslant n$，使得 $r_1\tilde{e}_1+r_2\tilde{e}_2+\cdots+r_n\tilde{e}_n=s_1\tilde{f}_1+s_2\tilde{f}_2+\cdots+s_m\tilde{f}_m=s_1d_1\tilde{e}_1+s_2d_2\tilde{e}_2+\cdots+s_md_m\tilde{e}_m=s_1d_1\tilde{e}_1+s_2d_2\tilde{e}_2+\cdots+s_nd_n\tilde{e}_n$. 由于 $\tilde{e}_1,\tilde{e}_2,\cdots,\tilde{e}_n$ 是 R^n 的一组基，这就表明：$r_i=s_id_i$，$1\leqslant i\leqslant n$. 这时对于 $1\leqslant i\leqslant m$，

$$r_i\tilde{m}_i=s_id_if(\tilde{e}_i)=s_if(d_i\tilde{e}_i)=s_i\,f(\tilde{f}_i)=0.$$

所以由 $r_1\tilde{m}_1+r_2\tilde{m}_2+\cdots+r_n\tilde{m}_n=0$ 可以推出 $r_i\tilde{m}_i=0$，$1\leqslant i\leqslant n$. 所以 $M=R\tilde{m}_1+R\tilde{m}_2+\cdots+R\tilde{m}_n$ 是一个直和.

因为 $r\in\mathrm{Ann}(\tilde{m}_i)\Leftrightarrow r\tilde{e}_i\in\mathrm{Ker}(f)$

$$\Leftrightarrow r\tilde{e}_i=sd_i\tilde{e}_i\ (s\in R)$$

$$\Leftrightarrow r\in(d_i),$$

所以 $\mathrm{Ann}(\widetilde{m}_i)=(d_i)$. 由引理 4.4.5 可知,

$$(d_1)\supseteq\cdots\supseteq(d_m)\supseteq(d_{m+1})\supseteq\cdots\supseteq(d_n).$$

若 d_i 是 R 的单位,那么 $d_i\widetilde{m}_i=0$ 即可得 $\widetilde{m}_i=0$,因而可以从 M 的生成元中去掉,设 $d_1,d_2,\cdots,d_l$ 是单位,令 $s=n-l$, $z_1=\widetilde{m}_{l+1}$, $z_2=\widetilde{m}_{l+2}$, $\cdots$, $z_s=\widetilde{m}_n$,于是

$$M=Rz_1\oplus Rz_2\oplus\cdots\oplus Rz_s$$

使得

$$R\supsetneqq\mathrm{Ann}(z_1)\supseteq\mathrm{Ann}(z_2)\supseteq\cdots\supseteq\mathrm{Ann}(z_s).$$ □

在高等代数中我们讨论了实数域上的矩阵. 下面我们来考察主理想整环上的矩阵. 首先,完全类似于高等代数中的三种初等变换,我们也可以类似地定义主理想整环上矩阵的三种初等变换,及某矩阵左(右)乘初等矩阵相当于对该矩阵进行相应的初等行(列)变换这些基本结论都是成立的. 另外,我们也可以完全类似定义两个矩阵的等价关系:即设 R 是主理想整环,$\boldsymbol{A}$,$\boldsymbol{B}$ 是 R 上的两个 $m\times n$ 矩阵,如果存在可逆矩阵 $\boldsymbol{P}$ 和 $\boldsymbol{Q}$,使得 $\boldsymbol{B}=\boldsymbol{PAQ}$, 则称 $\boldsymbol{A}$ 与 $\boldsymbol{B}$ 是等价的. 域上的任意一个矩阵都可以通过初等变换化成形如 $\begin{pmatrix}\boldsymbol{I} & \boldsymbol{0}\\ \boldsymbol{0} & \boldsymbol{0}\end{pmatrix}$ 的标准型矩阵. 与此类似,我们希望通过初等变换得到主理想整环上的矩阵的简单形式.

我们对主理想整环 R 中的非零元定义长度. 任取非零元 $a\in R$,如果 a 是单位,令 $\rho(a)=0$;如果 $a=p_1p_2\cdots p_r$,其中每个 p_i 都是素元,令 $\rho(a)=r$(由于 R 是主理想整环,此时 a 的分解中素元的个数 r 是唯一确定的,且为一个有限数),称 $\rho(a)$ 为非零元 a 的**长度**.

引理 4.4.4 设 R 是主理想整环,环 R 上的矩阵 $\boldsymbol{A}=\begin{pmatrix}a_{11} & a_{12}\\ a_{21} & a_{22}\end{pmatrix}$,其中 $a_{11}\neq 0$. 那么 $\boldsymbol{A}$ 等价于环 R 上矩阵 $\begin{pmatrix}d & 0\\ * & *\end{pmatrix}$,其中 $d=(a_{11},a_{12})$ 是最大公因子. 当 $a_{11}\nmid a_{12}$ 时,$\rho(d)<\rho(a_{11})$.

类似地,$\boldsymbol{A}$ 等价于环 R 上矩阵 $\begin{pmatrix}\widetilde{d} & *\\ 0 & *\end{pmatrix}$,其中 $\widetilde{d}=(a_{11},a_{21})$,当 $a_{11}\nmid a_{21}$ 时,$\rho(\widetilde{d})<\rho(a_{11})$.

证明 因为 $d=(a_{11},a_{12})$,则存在 $u,v\in R$,使得 $d=ua_{11}+va_{12}$. 令 $a_{11}=da$, $a_{12}=db$,因为 $d\neq 0$,由 $d=ua_{11}+va_{12}$ 得到 $1=ua+vb$. 再令矩阵

$$\boldsymbol{Q}=\begin{pmatrix}u & -b\\ v & a\end{pmatrix}.$$

由于 $\det(Q)=1$,所以 Q 可逆.于是,

$$AQ=\begin{pmatrix} a_{11} & a_{12} \\ a_{21} & a_{22} \end{pmatrix}\begin{pmatrix} u & -b \\ v & a \end{pmatrix}=\begin{pmatrix} d & 0 \\ * & * \end{pmatrix}.$$

即有 $\boldsymbol{A}$ 等价于 $\begin{pmatrix} d & 0 \\ * & * \end{pmatrix}$. 显然,当 $a_{11}\nmid a_{12}$ 时,d 与 a_{11} 不相伴,所以 $\rho(d)<\rho(a_{11})$.

类似地,可证明余下的一个结论. □

引理 4.4.5 设 R 是主理想整环,$\boldsymbol{A}=(a_{ij})$ 是环 R 上的一个 $n\times m$ 矩阵,那么

$\boldsymbol{A}$ 等价于矩阵 $\left(\begin{array}{ccc|ccc} d_1 & & & 0 & \cdots & 0 \\ & \ddots & & \vdots & \ddots & \vdots \\ & & d_r & 0 & \cdots & 0 \\ \hline 0 & \cdots & 0 & 0 & \cdots & 0 \\ \vdots & \ddots & \vdots & \vdots & \ddots & \vdots \\ 0 & \cdots & 0 & 0 & \cdots & 0 \end{array}\right)$,其中 $d_i\neq 0$,且 $d_i\mid d_{i+1}$,$i=1,2,\cdots,r-1$.

证明 当 $\boldsymbol{A}=\boldsymbol{0}$ 时,结论成立.下面设 $\boldsymbol{A}\neq\boldsymbol{0}$.通过交换矩阵的行或列,我们不妨假设 $a_{11}\neq 0$,且 $\rho(a_{11})\leqslant\rho(a_{ij})$,$\forall\, a_{ij}\neq 0$.

如果 $a_{11}\mid a_{1j}$,$j=2,3,\cdots,n$. 设 $a_{1j}=a_{11}b_{1j}$,利用初等变换,将第 j 列减去第 1 列的 b_{1j} 倍得到一个矩阵,这个矩阵的第 1 行除了元素 a_{11} 以外均为 0. 如果存在元素 a_{1k},使得 $a_{11}\nmid a_{1k}$.那么经过初等变换,交换两列可以假定 $a_{11}\nmid a_{12}$,再由引理 4.4.4,存在矩阵$\boldsymbol{Q}_1$,使得 $\begin{pmatrix} a_{11} & a_{12} \\ a_{21} & a_{22} \end{pmatrix}\boldsymbol{Q}_1=\begin{pmatrix} d & 0 \\ * & * \end{pmatrix}$,其中 $d=(a_{11},a_{12})$,$\rho(d)<\rho(a_{11})$. 令

$$\boldsymbol{Q}=\begin{pmatrix} \boldsymbol{Q}_1 & \boldsymbol{0} \\ \boldsymbol{0} & \boldsymbol{I}_{m-2} \end{pmatrix},\quad \text{其中}\boldsymbol{I}_{m-2}\text{是 } m-2 \text{ 阶单位阵.}$$

这样,矩阵 $\boldsymbol{AQ}$ 的(1,1)-元为 d.这样我们可以多次利用引理 4.4.4,可以得到与 $\boldsymbol{A}$ 等价的一个矩阵,它的第 1 行形如$(\bar{a}_{11},0,\cdots,0)$. 再利用引理 4.4.4,我们对第 1 列作类似的讨论,进而得到 $\boldsymbol{A}$ 等价于形如 $\begin{pmatrix} \tilde{a}_{11} & \boldsymbol{0} \\ \boldsymbol{0} & \boldsymbol{B} \end{pmatrix}$ 的矩阵.如果矩阵 $\boldsymbol{B}$ 中存在元素不能被$\tilde{a}_{11}$整除,那么将该元素所在的行对应加到第 1 行上,回到前面的情况,于是可以再一次降低(1,1)-元的长度.重复若干次后,得到一个与 $\boldsymbol{A}$ 等价的矩阵 $\begin{pmatrix} d_1 & 0 \\ 0 & \boldsymbol{A}_1 \end{pmatrix}$,其中 $d_1\neq 0$,且可被$\boldsymbol{A}_1$ 中的每一个元素所整除.

接着我们对$\boldsymbol{A}_1$ 作初等变换,d_1 仍整除变换后矩阵的每一个元素. 运用数学归纳法,最后可以得到一个与 $\boldsymbol{A}$ 等价的矩阵,该矩阵形如

$$\left(\begin{array}{ccc|ccc} d_1 & & & 0 & \cdots & 0 \\ & \ddots & & \vdots & \ddots & \vdots \\ & & d_r & 0 & \cdots & 0 \\ \hline 0 & \cdots & 0 & 0 & \cdots & 0 \\ \vdots & \ddots & \vdots & \vdots & \ddots & \vdots \\ 0 & \cdots & 0 & 0 & \cdots & 0 \end{array}\right)$$，其中 $d_i \neq 0$，且 $d_i \mid d_{i+1}, i=1,2,\cdots,r-1$. □

习题 4.4

1. 请给出有限生成 $\mathbb{Z}[x]$-模 M，它不能写成其循环子模的直和.

2. 将矩阵 $\begin{pmatrix} 1 & -1 & 1 & 0 & 2 \\ -1 & 2 & 1 & 1 & -4 \\ 2 & 1 & 2 & 1 & 1 \\ 0 & -1 & 1 & 0 & 3 \end{pmatrix}$ 利用初等变换化为引理 4.4.5 中满足的标准形.

§4.5 主理想整环上的有限生成挠模的结构

定义 4.5.1 设 R 是一个整环，M 是 R-模. 定义

$$T(M)=\{x\in M \mid 存在\ r\in R\backslash\{0\}，使得\ rx=0\},$$

则 $T(M)$ 是模 M 的子模，通常称之为**挠子模**. 若 $T(M)=M$，则称 M 是一个**挠模**；若 $T(M)=0$，则称 M 是一个**无挠模**.

命题 4.5.2 设 R 是整环，M 是 R-模，则 M 是无挠模 $\Leftrightarrow$ 由 $rm=0$，其中 $r\in R$，$m\in M$ 可以推出 $r=0$ 或 $m=0$.

证明 设 M 是无挠模，$r\in R$，$m\in M$，$rm=0$. 若 $r\neq 0$，则 $m\in T(M)$，所以 $m=0$. 反之，如果从 $rm=0$ 可推出 $r=0$ 或 $m=0$，那么 $T(M)=0$，所以 M 是无挠模. □

命题 4.5.3 设 R 是整环，K 是 R 的分式域. 则

(1) R 与 K 是无挠模；

(2) 挠模的子模与商模都是挠模；

(3) 无挠模的子模是无挠模；

(4) 无挠模的直和仍为无挠模，特别地，自由模是无挠模；

(5) 对于任何 R-模 M，$M/T(M)$ 是无挠模.

证明 (1)～(4)：留作习题(见习题 4.5 第 1 题).

(5) 设 $r\in R,m\in M$,令 $\bar{m}=m+T(M)\in M/T(M)$. 如果 $r\bar{m}=0,r\neq 0$. 那么 $rm\in T(M)$,于是存在 $0\neq b\in R$,使得 $b(rm)=0$. 而 $br\neq 0$,从而 $m\in T(M)$,即 $\bar{m}=0$. 所以由命题 4.5.2,$M/T(M)$是无挠模. □

命题 4.5.4 设 R 是主理想整环,则任何有限生成无挠 R-模 M 是自由 R-模.

证明 当 $M=0$ 时,根据约定,M 是自由模. 下面假设 $M\neq 0$. 设 $m_1,m_2,\cdots,m_n$ 是 M 的一组生成元,若 $0\neq m\in M$,则由于 M 是无挠模,所以

$$Rm=R/\mathrm{Ann}(m)=R/\{0\}\cong R,$$

即 Rm 是自由模. 在生成元集合 $m_1,m_2,\cdots,m_n$ 中选取一个极大线性无关组,不妨设 $m_1,m_2,\cdots,m_r$,那么子模 $N=Rm_1\oplus Rm_2\oplus\cdots\oplus Rm_r$ 是自由模. 而 $m_1,m_2,\cdots,m_r,m_i(\forall\, r+1\leqslant i\leqslant n)$是线性相关的,也就是说,存在 $a_{i1},a_{i2},\cdots,a_{ir}\in R,a_i\in R\backslash\{0\}$,使得 $a_{i1}m_1+a_{i2}m_2+\cdots+a_{ir}m_r+a_im_i=0$. 令 $a=a_{r+1}a_{r+2}\cdots a_n$,则 $a\neq 0$,而且 $am_{r+1},am_{r+2},\cdots,am_n\in N$. 建立如下的映射:

$$f:M\to N$$
$$m\mapsto am.$$

由命题 4.5.3,容易看出 f 是单射,于是 $M\cong f(M)\subseteq N$. 根据定理 4.4.2,$f(M)$ 是自由模,从而 M 是自由模. □

定理 4.5.5 设 R 是主理想整环,M 是一个有限生成的 R-模. 则

(1) $M\cong T(M)\oplus F$,其中 F 是自由模;

(2) 在(1)中的直和分解在同构意义下是唯一的,即若 $M\cong\widetilde{M}\cong T(\widetilde{M})\oplus\widetilde{F}$,其中 $\widetilde{F}$ 是自由模,则 $T(M)\cong T(\widetilde{M}),F\cong\widetilde{F}$.

证明 (1)由命题 4.5.3,$M/T(M)$是有限生成的无挠模,再由命题 4.5.4,$M/T(M)$是自由模. 由于自然同态:$M\to M/T(M)$是满同态,由命题 4.3.13,可得同构:$M\cong T(M)\oplus(M/T(M))$,而 $M/T(M)$是自由模.

(2) 设 $f:M\to\widetilde{M}$ 是模同构,$g:\widetilde{M}\to M$ 是 f 的逆. 对 $\forall\, m\in T(M)$,存在 $0\neq r\in R$,使得 $rm=0$. 因此,$rf(m)=f(rm)=0$. 所以 $f(T(M))\subseteq T(\widetilde{M})$. 同样地,$g(T(\widetilde{M}))\subseteq T(M)$. 即得限制映射 $f|_{T(M)}:T(M)\to T(\widetilde{M})$是同构.

设 $\pi:\widetilde{M}\to\widetilde{M}/T(\widetilde{M})$是自然同态,$h=\pi f:M\to\widetilde{M}/T(\widetilde{M})$,容易计算得 $\mathrm{Ker}(h)=T(M)$,所以有同构:$M/T(M)\cong\widetilde{M}/T(\widetilde{M})$. □

由定理 4.5.5,为刻画主理想整环上的有限生成模,只要刻画有限生成挠模即可.

设 R 是整环,$a\in R,a\neq 0$,设 M 是 R-模. 令

$$M(a)=\{x\in M \mid 存在正整数\ i,使得\ a^i x=0\}.$$

显然,我们有下面的结论(见习题4.5第2题):

(1) $M(a)$是M的R-子模;

(2) 当a与b相伴时($a,b\in R$),有$M(a)=M(b)$;

(3) 如果$M=M_1\oplus M_2$,则$M(a)=M_1(a)\oplus M_2(a)$.

引理 4.5.6 设R是主理想整环,$a,b\in R$,a,b互素.设M是R-模,$m\in M$.若$am=0$,$bm=0$,则$m=0$.

证明:由于a,b互素,所以存在$u,v\in R$,使得$ua+vb=1$.从而,

$$m=(ua+vb)m=u(am)+v(bm)=0.$$ □

命题 4.5.7 设R是主理想整环,p,q是R的素元,M是R-模.则p与q相伴当且仅当$M(p)\cap M(q)\neq 0$.通常称$M(p)$为M的p-准素分支.

证明 若p与q相伴,则$M(p)=M(q)$,从而$M(p)\cap M(q)\neq 0$.反之,如果$0\neq m\in M(p)\cap M(q)$,则存在正整数l,s,使得$p^l m=0$,$q^s m=0$.如果p与q互素,则p^l与q^s也互素.于是由引理4.5.6,$m=0$矛盾.所以p与q相伴. □

引理 4.5.8 设R是主理想整环,p是R的素元,M是有限生成R-模且$M=M(p)$.则存在某个整数n,使得$\mathrm{Ann}(M)=(p^n)$.

证明 若$M=0$,则$\mathrm{Ann}(M)=R$.结论成立.下面假设$M\neq 0$.

因为$\mathrm{Ann}(M)$是主理想整环R的一个真理想,所以存在$c\in R$,使得$(c)=\mathrm{Ann}(M)$.因为对于$m\in M$,存在正整数t,$p^t m=0$.若$(p,c)=1$,则由引理4.5.6,$M=0$.矛盾.因此,$p\mid c$.下设$c=p^n b$,$p\nmid b$,n为某个整数,则$(p,b)=1$.假如b不是单位,则p^n是c的真因子,所以存在$y\in M$,$p^n y\neq 0$.对非零元素$p^n y$,注意到$(p,b)=1$,利用引理4.5.6,$p^n y=0$,矛盾.所以b是单位,$(c)=(p^n)$. □

引理 4.5.9 设R为主理想整环,则有限生成R-模的子模也是有限生成的.

证明 设M是有限生成的R-模,则由命题4.3.8,M同构于一个自由R-模的商模,故有自由模F及F的子模K使得$M\cong F/K$.假设N是M的任意一个子模,则有F的子模L使得$L\supseteq K$且$N\cong L/K$.由定理4.4.2,F的子模L也为自由模,所以L是有限生成R-模,从而N也为有限生成的. □

定理 4.5.10 设R是主理想整环,M是有限生成挠R-模,且$\mathrm{Ann}(M)=(a)$.设$a=p_1^{s_1}p_2^{s_2}\cdots p_n^{s_n}$是$a$的一个不可约分解,其中$p_i\in R$,$i=1,2,\cdots,n$是互不相伴的素元,则$M$有如下的直和分解:

$$M=M(p_1)\oplus M(p_2)\oplus\cdots\oplus M(p_n),$$

$$\mathrm{Ann}(M(p_i))=(p_i^{s_i}),i=1,2,\cdots,n,$$

并且M的分解是唯一确定的,即若

$$M=M(p_1)\oplus M(p_2)\oplus\cdots\oplus M(p_n)=M(q_1)\oplus M(q_2)\oplus\cdots\oplus M(q_m),$$

其中 $q_j\in R,j=1,2,\cdots,m$ 是互不相伴的素元,$M(q_j)\neq 0$,则 $n=m$,且重排次序后 p_i 与 q_j 相伴.

证明 由假设条件,$a=p_1^{s_1}p_2^{s_2}\cdots p_n^{s_n}$,其中 $p_i\in R,i=1,2,\cdots,n$ 是互不相伴的素元.令

$$b_j=p_1^{s_1}\cdots p_{j-1}^{s_{j-1}}p_{j+1}^{s_{j+1}}\cdots p_n^{s_n},j=1,2,\cdots,n.$$

于是$(b_1,b_2,\cdots,b_n)=1$,所以存在 $r_1,r_2,\cdots,r_n\in R$,使得

$$r_1b_1+r_2b_2+\cdots+r_nb_n=1.$$

对任何 $m\in M$,因为 $\mathrm{Ann}(M)=(a)$,所以 $am=0$.于是,$p_j^{s_j}r_jb_jm=r_jam=0$,即 $r_jb_jm\in M(p_j)$.又由

$$\begin{aligned}m&=1m=(r_1b_1+r_2b_2+\cdots+r_nb_n)m\\&=r_1b_1m+r_2b_2m+\cdots+r_nb_nm\in M(p_1)+M(p_2)+\cdots+M(p_n).\end{aligned}$$

所以

$$M=M(p_1)+M(p_2)+\cdots+M(p_n).$$

设 $m_1+m_2+\cdots+m_n=0,m_j\in M(p_j),j=1,2,\cdots,n$.则存在正整数 $t_j,j=1,2,\cdots,n$,使得 $p_j^{t_j}m_j=0$,以及 $-m_l=m_1+\cdots+m_{l-1}+m_{l+1}+\cdots+m_n,\forall l,1\leqslant l\leqslant n$,于是

$$p_1^{t_1}\cdots p_{l-1}^{t_{l-1}}p_{l+1}^{t_{l+1}}\cdots p_n^{t_n}(m_1+\cdots+m_{l-1}+m_{l+1}+\cdots+m_n)=0,$$

即有

$$p_1^{t_1}\cdots p_{l-1}^{t_{l-1}}p_{l+1}^{t_{l+1}}\cdots p_n^{t_n}m_l=0.$$

又因为 $p_l^{t_l}m_l=0$,以及 $p_1^{t_1}\cdots p_{l-1}^{t_{l-1}}p_{l+1}^{t_{l+1}}\cdots p_n^{t_n}$,$p_l^{t_l}$ 互素,所以由引理 4.5.6,$m_l=0$.这样,我们就有直和分解:

$$M=M(p_1)\oplus M(p_2)\oplus\cdots\oplus M(p_n),$$

显然,$a=p_j^{s_j}b_j$,则 b_j 是 a 的真因子.于是 $b_j\notin(a)=\mathrm{Ann}(M)$,即 $b_jM\neq 0$.再由于 $aM=p_j^{s_j}b_jM=0$,所以 $b_jM\subseteq M(p_j)$.这就表明 $M(p_j)\neq 0$.对于 $x\in M(p_j)$,$x\neq 0$,则由引理 4.5.6,$b_jx\neq 0$,若 $p_j^{s_j}x\neq 0$,同样地,由引理 4.5.6,$b_jp_j^{s_j}x\neq 0$,而 $ax=p_j^{s_j}b_jx=0$,矛盾.因此,$p_j^{s_j}x=0$,所以$(p_j^{s_j})\subseteq\mathrm{Ann}(M(p_j))$.从而,$b_j\subseteq\mathrm{Ann}(M(p_i))$,$j\neq i$.

反之,设 $y\in\mathrm{Ann}(M(p_j))$.因为 $M=M(p_1)\oplus M(p_2)\oplus\cdots\oplus M(p_n)$,所以 $b_jy\in\mathrm{Ann}(M)=(a)$,于是 $a|b_jy$,即有 $p_j^{s_j}|y$,这就表明$(p_j^{s_j})\supseteq\mathrm{Ann}(M(p_j))$.所以$(p_j^{s_j})=\mathrm{Ann}(M(p_j))$.

下面证明直和分解的唯一性.

假设 M 有如下两个分解:

$$M=M(p_1)\oplus M(p_2)\oplus\cdots\oplus M(p_n)=M(q_1)\oplus M(q_2)\oplus\cdots\oplus M(q_m),$$

其中 $q_j\in R, j=1,2,\cdots,m$ 是互不相伴的素元，$M(q_j)\neq 0$. 则由引理 4.5.9，对于每个 $j=1,2,\cdots,m$，$M(q_j)$ 是有限生成的. 而且 $\mathrm{Ann}(M)=\mathrm{Ann}(M(p_1)\oplus M(p_2)\oplus\cdots\oplus M(p_n))=\mathrm{Ann}(M(q_1)\oplus M(q_2)\oplus\cdots\oplus M(q_m))$，即得

$$\mathrm{Ann}(M)=\mathrm{Ann}(M(q_1))\cap\mathrm{Ann}(M(q_2))\cap\cdots\cap\mathrm{Ann}(M(q_m)),$$

由引理 4.5.8，$(a)=(p_1^{s_1}p_2^{s_2}\cdots p_n^{s_n})=(q_1^{r_1})\cap(q_2^{r_2})\cap\cdots\cap(q_m^{r_m})=(q_1^{r_1}q_2^{r_2}\cdots q_m^{r_m})$，其中 $r_1,r_2,\cdots,r_m$ 是一些整数. 因而，存在 R 中的单位 v，$p_1^{s_1}p_2^{s_2}\cdots p_n^{s_n}=vq_1^{r_1}q_2^{r_2}\cdots q_m^{r_m}$. 因为主理想整环是唯一分解整环，所以 $n=m$，且重排次序后 p_i 与 q_i 相伴，此时 $M(p_i)=M(q_i)$. □

定理 4.5.11 设 R 是主理想整环，p 是 R 的素元，M 是有限生成 R-模且 $M=M(p)$，则存在唯一的正整数组 $\{n_1,n_2,\cdots,n_t\}$，$1\leqslant n_1\leqslant n_2\leqslant\cdots\leqslant n_t$，以及 $z_1,z_2,\cdots,z_t\in M$，使得

(1) $\mathrm{Ann}(z_i)=(p^{n_i})$，$i=1,2,\cdots,t$;

(2) $M=Rz_1\oplus Rz_2\oplus\cdots\oplus Rz_t$.

证明 由定理 4.4.3 存在 $z_1,z_2,\cdots,z_t\in M$,

$$M=M(p)=Rz_1\oplus Rz_2\oplus\cdots\oplus Rz_t,$$

使得

$$R\supsetneqq\mathrm{Ann}(z_1)\supseteq\mathrm{Ann}(z_2)\supseteq\cdots\supseteq\mathrm{Ann}(z_t).$$

于是，

$$\begin{aligned}\mathrm{Ann}(M)&=\mathrm{Ann}(Rz_1\oplus Rz_2\oplus\cdots\oplus Rz_t)\\&=\mathrm{Ann}(Rz_1)\cap\mathrm{Ann}(Rz_2)\cap\cdots\cap\mathrm{Ann}(Rz_t)\\&=\mathrm{Ann}(z_1)\cap\mathrm{Ann}(z_2)\cap\cdots\cap\mathrm{Ann}(z_t)=\mathrm{Ann}(z_t).\end{aligned}$$

而由引理 4.5.8，$\mathrm{Ann}(M)=(p^{n_t})$，$n_t$ 是某个正整数. 所以 $\mathrm{Ann}(z_t)=(p^{n_t})$. 因为 R 是主理想整环，可设 $\mathrm{Ann}(z_{t-1})=(c_{t-1})$，$c_{t-1}\in R$. 于是，$(p^{n_t})\subseteq(c_{t-1})$，$c_{t-1}\mid p^{n_t}$，所以存在正整数 n_{t-1}，$n_{t-1}\leqslant n_t$，$\mathrm{Ann}(z_{t-1})=(c_{t-1})=(p^{n_{t-1}})$. 同样地，依次可以证明：存在正整数 $n_1,n_2,\cdots,n_{t-2}$，$1\leqslant n_1\leqslant n_2\leqslant\cdots\leqslant n_{t-2}$，使得 $\mathrm{Ann}(z_i)=(p^{n_i})$，$i=1,2,\cdots,t-2$.

下面证明唯一性. 如果 M 有两种分解：

$$M=Rz_1\oplus Rz_2\oplus\cdots\oplus Rz_t,\ \mathrm{Ann}(z_i)=(p^{n_i}),1\leqslant n_1\leqslant n_2\leqslant\cdots\leqslant n_t;$$

$$M=Ry_1\oplus Ry_2\oplus\cdots\oplus Ry_s,\ \mathrm{Ann}(y_i)=(p^{l_i}),1\leqslant l_1\leqslant l_2\leqslant\cdots\leqslant l_s.$$

任取非负整数 k，令 $p^kM=\{p^kx\mid\forall x\in M\}$，得到一个子模的降链：

$$M\supseteq pM\supseteq p^2M\supseteq\cdots.$$

令 $M^{(k)}=p^kM/p^{k+1}M$，R 的理想 (p) 零化 $M^{(k)}$，$M^{(k)}$ 可看成 $\bar{R}=R/(p)$ 上的模. 因为 (p) 是极大理想，$\bar{R}$ 是一个域. 所以 $M^{(k)}$ 是域 $\bar{R}$ 上的向量空间，并且 $M^{(k)}$ 的维数（作为域 $\bar{R}$ 上的向量空间）是满足 $n_i\geqslant k+1$ 的 n_i 的个数. 同样地，该维数

也是满足 $l_i \geqslant k+1$ 的 l_i 的个数. 依次取 $k=\mathrm{Max}\{n_t, l_s\}, \cdots, 1, 0$. 我们得到 $t=s$, $n_i=l_i, i=1,2,\cdots,t$. □

于是,我们有下面的主理想整环上有限生成挠模的结构定理.

定理 4.5.12 设 R 是主理想整环, M 是有限生成挠 R-模,则

$$M \cong R/(p_1^{n_1}) \oplus R/(p_2^{n_2}) \oplus \cdots \oplus R/(p_t^{n_t}),$$

其中 $p_1, p_2, \cdots, p_t$ 是素元(未必互不相伴), $n_1, n_2, \cdots, n_t$ 是正整数, $1 \leqslant n_1 \leqslant n_2 \leqslant \cdots \leqslant n_t$,且正整数组 $\{n_1, n_2, \cdots, n_t\}$ 由 M 唯一确定的,从而理想组 $\{(p_1^{n_1}), (p_2^{n_2}), \cdots, (p_t^{n_t})\}$ 是由 M 唯一确定的(该理想组通常称为**初等因子组**).

证明 直接由定理 4.5.10 与定理 4.5.11 得到. □

下面我们给出主理想整环上有限生成模分解(定理 4.4.3)的唯一性.

定理 4.5.13 设 R 是主理想整环, M 是有限生成 R-模. 如果 M 有两种分解:

$$M = Rz_1 \oplus Rz_2 \oplus \cdots \oplus Rz_s, \mathrm{Ann}(z_1) \supseteq \mathrm{Ann}(z_2) \supseteq \cdots \supseteq \mathrm{Ann}(z_s),$$

$$M = Rw_1 \oplus Rw_2 \oplus \cdots \oplus Rw_t, \mathrm{Ann}(w_1) \supseteq \mathrm{Ann}(w_2) \supseteq \cdots \supseteq \mathrm{Ann}(w_t),$$

那么 $s=t$,且 $\mathrm{Ann}(z_i)=\mathrm{Ann}(w_i), 1 \leqslant i \leqslant s$.

证明 设 $\mathrm{Ann}(z_r) \neq (0)$, $\mathrm{Ann}(z_{r+1})=(0)$, 及 $\mathrm{Ann}(w_k) \neq (0)$, $\mathrm{Ann}(w_{k+1})=(0)$.

于是,由定理 4.5.5 可知,

$$T(M) = Rz_1 \oplus Rz_2 \oplus \cdots \oplus Rz_r = Rw_1 \oplus Rw_2 \oplus \cdots \oplus Rw_k,$$

$$M/T(M) \cong Rz_{r+1} \oplus \cdots \oplus Rz_s \cong Rw_{k+1} \oplus \cdots \oplus Rw_t.$$

根据定理 4.3.9,由于主理想整环上同构的有限生成自由模有相同的秩,所以 $s-r=t-k$. 而对于 $T(M)$ 的两个分解

$T(M) = Rz_1 \oplus Rz_2 \oplus \cdots \oplus Rz_r = Rw_1 \oplus Rw_2 \oplus \cdots \oplus Rw_k$,由定理 4.5.12, $r=k$,以及 $\mathrm{Ann}(z_i)=\mathrm{Ann}(w_i), 1 \leqslant i \leqslant r$. 这样我们证明了 $s=t$,且 $\mathrm{Ann}(z_i)=\mathrm{Ann}(w_i), 1 \leqslant i \leqslant s$. □

习题 4.5

1. 证明命题 4.5.3(1)~(4).

2. 设 R 是整环, M 是 R-模, $a \in R, a \neq 0$. 证明:

(1) $M(a)$ 是 M 的 R-子模;

(2) 当 a 与 b 相伴时 $(a, b \in R)$,有 $M(a)=M(b)$;

(3) 如果 $M=M_1 \oplus M_2$,则 $M(a)=M_1(a) \oplus M_2(a)$.

3. 设 R 是主理想整环, M 是有限生成 R-模. 且 M 有如下分解: $M=Rz_1 \oplus$

$Rz_2 \oplus \cdots \oplus Rz_s$，并且 $\mathrm{Ann}(z_1) \supseteq \mathrm{Ann}(z_2) \supseteq \cdots \supseteq \mathrm{Ann}(z_s)$，及 $\mathrm{Ann}(z_r) \neq 0$，$\mathrm{Ann}(z_{r+1}) = (0)$，$r \leqslant s$. 证明：$T(M) = Rz_1 \oplus Rz_2 \oplus \cdots \oplus Rz_r$.

4. 设 R 是主理想整环，$a, b \in R$，且 a 与 b 互素，设 M 为有限生成 R-模. 证明：若 $\mathrm{Ann}(M) = (ab)$，则 M 有如下直和分解 $M = M(a) \oplus M(b)$.

参考文献

[1] 冯克勤,李尚志,查建国,等.近世代数引论[M].合肥:中国科学技术大学出版社,2002.

[2] 刘绍学,章璞.近世代数导引[M].北京:高等教育出版社,2011.

[3] 松村英之(Hideyuki Matsumura).代数学[M].东京:朝仓书店株式会社,1990.

[4] 唐忠明.抽象代数基础[M].北京:高等教育出版社,2012.

[5] 新妻弘(Hirosi Niitsuma),木村哲三(Tetsuzou Kimura).群、环、体入门[M].东京:共立出版株式会社,2012.

[6] NATHAN JACOBSON. Basic Algebra[M]. San Francisco: W. H. Freeman and Company,1974.

参考文献